Nazrul Islam Khan

Juntas adesivas auto-cicatrizantes

Nazrul Islam Khan

Juntas adesivas auto-cicatrizantes

Microcápsulas auto-curativas

ScienciaScripts

Cover image: www.ingimage.com

This book is a translation from the original published under ISBN 978-620-2-05623-6.

Publisher:
Sciencia Scripts
is a trademark of
Dodo Books Indian Ocean Ltd. and OmniScriptum S.R.L publishing group

120 High Road, East Finchley, London, N2 9ED, United Kingdom
Str. Armeneasca 28/1, office 1, Chisinau MD-2012, Republic of Moldova, Europe
Printed at: see last page
ISBN: 978-620-7-93604-5

Índice:

Juntas adesivas auto-regeneráveis

Nazrul Islam Khan[a*]
[a] Departamento de Engenharia Mecânica, Instituto Nacional de Tecnologia de Silchar, Silchar-788010, Assam, Índia.
[*] Autor correspondente E-mail: khan.nazrul27@gmail.com, Tele: +91 9954653121, Fax: +91 3842 224797

CAPÍTULO 1
Introdução

1.1 Breve descrição geral

A utilização de adesivos epoxídicos para unir metais e materiais diferentes está a alcançar uma enorme popularidade em indústrias de elevado desempenho, como a aeroespacial, a indústria da defesa, a indústria de componentes electrónicos, a construção civil, a carpintaria e a indústria automóvel, em vez dos processos de união tradicionais, como a soldadura, os fixadores, a costura e a rebitagem. A indústria automóvel está a trabalhar desde há algumas décadas para descobrir a informação relativa aos requisitos da regulamentação ambiental e às exigências dos clientes no sentido de obterem um maior desempenho e mais características de luxo e segurança, desenvolvendo um veículo leve e, por conseguinte, essencialmente eficiente em termos energéticos. Uma das aplicações da colagem de adesivos na indústria aeroespacial é a colagem dos azulejos para proteção da temperatura no vaivém espacial. O Lap Shear determina a resistência ao cisalhamento dos adesivos para a colagem de materiais quando testados numa amostra de junta de uma só volta. O ensaio é aplicável para determinar as forças adesivas, os parâmetros de preparação da superfície e a durabilidade ambiental. As enormes aplicações da junta sobreposta adesiva devem-se principalmente à sua elevada relação resistência/peso, à melhor distribuição de tensões, à capacidade de unir materiais diferentes, à baixa retração durante a cura, à baixa capacidade de fluência, ao elevado módulo, à resistência à tração e à facilidade de processamento, o que fez com que os cientistas se interessassem por estudar melhor a sua utilização em aplicações de suporte de cargas primárias [1-6]. Além disso, a propriedade de resistência à corrosão e a capacidade superior de amortecimento e absorção de ruído são as vantagens notáveis da junta adesiva [2,3].

Embora existam muitas vantagens nas colas epoxídicas, algumas das principais desvantagens, no que diz respeito à baixa tenacidade e à fraca resistência à propagação de fissuras, restringem a sua utilização em várias aplicações [1,4]. Esta fraca resistência à propagação de fissuras conduz principalmente a falhas prematuras. Além disso, as colas epoxídicas puras são frágeis por natureza. Por conseguinte, têm sido feitos grandes esforços para melhorar a propriedade de resistência à fissuração e a tenacidade da junta sobreposta adesiva epóxida, introduzindo partículas inorgânicas de tamanho micrónico como carga [7,8]. Além disso, o efeito da humidade no compósito adesivo epoxídico é insignificante, permitindo assim a sua utilização em aplicações onde muitas outras colas não seriam eficazes. Além disso, em algumas aplicações aeroespaciais e automóveis, a deteção de fissuras e a sua reparação é uma tarefa muito complicada. Mas, devido à dificuldade de deteção e reparação de fissuras, a aplicação estrutural segura da cola epoxídica no sector aeroespacial está ainda a ser investigada. Nas últimas décadas, tem-se desenvolvido uma enorme investigação para desenvolver materiais inteligentes leves e de elevado desempenho para diferentes aplicações estruturais seguras. Por outro lado, paralelamente, o conceito de materiais auto-regenerativos tem sido desenvolvido desde a última década e meia e tem sido incorporado com sucesso em diferentes aplicações estruturais seguras. O desenvolvimento de materiais auto-regenerativos é uma área de grande interesse devido à sua capacidade de auto-regeneração em caso de iniciação de fendas ou de danos. A auto-regeneração dos materiais é diferente dos métodos tradicionais de reparação de materiais, como a soldadura e o remendo. Nos métodos tradicionais de reparação, não é necessário dispor de técnicas de deteção fiáveis nem de uma técnica especial de reparação de materiais.

Assim, o autor foi motivado a aumentar a dureza e as propriedades de resistência à fissuração da parte da junta adesiva em serviço, introduzindo o conceito de auto-regeneração da fissura gerada na junta de sobreposição de adesivo epóxi para as suas aplicações estruturais seguras, uma vez que não foi feita uma única tentativa. A partir da literatura, foram utilizadas várias rotas sintéticas para sintetizar microcápsulas de auto-regeneração contendo agentes de cura e de cura, tais como polimerização in-situ, copolimerização interfacial induzida por irradiação UV em emulsões, técnica de evaporação de solventes, etc. Embora, na maior parte da literatura, a síntese de microcápsulas auto-regeneradoras através da polimerização in-situ tenha sido relatada, o número de literatura sobre a técnica de evaporação de solventes é muito reduzido. Além disso, o método de síntese depende dos materiais do invólucro e do núcleo utilizados para as encapsulações, como no caso do agente auto-regenerador encapsulado em poli(ureia-formaldeído) (PUF), a polimerização in-situ é adequada ou está bem estabelecida. Do mesmo modo, para o agente auto-regenerador encapsulado em PMMA, a técnica de evaporação de solventes é a mais adequada. Além disso, a polimerização in-situ é um processo de várias etapas em comparação com a técnica de evaporação de solventes.

Assim, neste trabalho de investigação, foi empregue a técnica de evaporação de solventes (SET) para a síntese de microcápsulas de PMMA à base de endurecedor duplo contendo endurecedor (HCM) e de resina epóxida contendo microcápsulas (ECM). Foi estudado o efeito de diferentes parâmetros do processo, como a velocidade de agitação, o tipo de emulsionante e a concentração do emulsionante no tamanho médio, na distribuição do tamanho, na morfologia da superfície, na espessura da parede da casca e no conteúdo do núcleo. A velocidade de agitação variou de 400 a 500 rpm com um incremento de 50 rpm. Os dois tipos de emulsionantes utilizados foram o álcool polivinílico (PVA) e o dodecil sulfato de sódio (SDS). Para a HCM, os emulsionantes utilizados foram o PVA e o SDS. Mas para a ECM, apenas o SDS foi utilizado como emulsionante. A concentração do emulsionante variou entre 1% em peso, 2% em peso e 3% em peso para a HCM e 6% em peso, 7% em peso e 8% em peso para a ECM. Os materiais de base das microcápsulas auto-regeneradoras à base de PMMA foram a trietilenotetramina (TETA) como endurecedor ou agente de cura e o éter diglicidílico de bisfenol A (Lapox L12) como resina epóxi. A distribuição do tamanho e o tamanho médio das microcápsulas foram estudados a partir de imagens de microscopia ótica (MO) utilizando o software image J bem estabelecido. A morfologia da superfície e a espessura da parede da cápsula foram estudadas utilizando imagens de microscopia eletrónica de varrimento de emissão de campo (FESEM). O conteúdo do núcleo foi calculado utilizando o método de extração por solvente. A estrutura química foi confirmada utilizando os espectros de infravermelhos com transformada de Fourier (FTIR) das microcápsulas HCM e ECM. A estabilidade térmica de ambas as microcápsulas contendo endurecedor e resina epóxi foi investigada utilizando a análise termogravimétrica (TGA). A partir da curva de análise TGA, o sucesso da encapsulação dos agentes de cura foi também justificado.

Depois de sintetizar ambos os tipos de microcápsulas, as microcápsulas de tamanho médio mais baixo com distribuição de tamanho uniforme e estreita e contendo a percentagem mais elevada de conteúdo de núcleo foram escolhidas para a preparação de adesivo epóxi induzido por microcápsulas duplas auto-regenerativas (SHDME). As microcápsulas de componente duplo, ou seja, HCM e ECM, foram misturadas a 1:1% em peso e, em seguida, 5% em peso, 7,5% em peso e 10% em peso da mistura resultante de microcápsulas de componente duplo foram reforçadas com adesivo epóxi. O HCM preparado com PVA como emulsionante é misturado com ECM e a mistura é representada como sistema PVA. Do mesmo modo, o HCM preparado com SDS como emulsionante é misturado com ECM e a mistura é representada como sistema SDS. Estes adesivos SHDME foram aplicados num substrato de alumínio desgastado com papel de esmeril de grau 400 para a preparação de amostras de juntas sobrepostas simples (SLJ). As amostras de SLJ com adesivo SHDME foram testadas para avaliar a resistência ao cisalhamento, a energia de falha absorvida (AFE) e a eficiência da auto-regeneração. Todos os resultados foram comparados com os do adesivo epoxídico puro (NE). As superfícies fracturadas foram analisadas em FESEM para investigar os mecanismos de fratura e a zona de cicatrização. Verificou-se que as microcápsulas de componente duplo preparadas com parâmetros de processo variáveis podem influenciar eficazmente a capacidade de auto-regeneração da junta adesiva de colo único. Mas a resistência ao cisalhamento do colo diminui com o aumento da percentagem em peso das microcápsulas de componente duplo. A energia de rutura absorvida aumenta até 5 wt% de adição de microcápsulas de componente duplo e depois diminui gradualmente com a adição adicional de microcápsulas de componente duplo. A eficiência de auto-regeneração aumenta drasticamente com o aumento do conteúdo de microcápsulas. A eficiência máxima de auto-regeneração foi de 89,5% no caso do sistema PVA e de 90,93% no caso do sistema SDS. As juntas adesivas SHDME curadas com alta concentração de incorporação de microcápsulas mostraram evidências de uma zona de transição coesiva melhorada juntamente com a presença de uma zona de fratura interfacial
com no plano de fratura. A zona de transição coesiva limitada foi descaracterizada para a NE, mas para as colas SHDME foi observada a fixação de fissuras adjacentes à HCM e à ECM devido à quebra de microcápsulas no plano de fratura e à formação de uma zona plástica com cedência por cisalhamento.

1.2 Organização do livro:

O presente livro está organizado em 5 capítulos:

Capítulo-1 Introdução:

Neste capítulo, descrevem-se os recentes desenvolvimentos da junta de cisalhamento por lapidação adesiva e do compósito polimérico auto-regenerativo. Foi também descrita uma breve descrição do trabalho experimental.

Capítulo-2 Revisão da literatura

O capítulo 2nd faz uma revisão de várias correntes de literatura sobre a junta de cisalhamento por lapidação adesiva, juntamente com o conceito de auto-regeneração e a melhoria dos compósitos poliméricos auto-regenerativos. A panorâmica da literatura foi descrita no último ponto do capítulo.

Capítulo-3 Trabalho experimental e metodologia

Neste capítulo, foram descritos os materiais utilizados e o procedimento experimental. As diferentes técnicas de caraterização ou os ensaios efectuados foram também apresentados neste capítulo.

Capítulo 4 Resultados e discussão

Neste capítulo, descrevem-se os resultados do estudo morfológico, da arquitetura molecular e da estabilidade térmica dos diferentes testes realizados, bem como as propriedades mecânicas e de auto-regeneração da junta adesiva de corte.

Capítulo 5 Conclusão e âmbito de investigação futura

Por último, o capítulo 5 conclui com as principais conclusões e as possibilidades futuras de alargamento do presente inquérito.

CAPÍTULO 2

Revisão da literatura

2.1 Breve descrição geral do adesivo

Um adesivo é qualquer substância aplicada às superfícies dos materiais que os une e resiste à separação. O termo "adesivo" pode ser utilizado indistintamente com cola, cimento, mucilagem ou pasta. Os adjectivos podem ser utilizados em conjunto com a palavra "adesivo" para descrever propriedades baseadas na forma física ou química da substância, o tipo de materiais unidos, ou as condições sob as quais é aplicada. Os adesivos são normalmente organizados pelo método de adesão. Estas são depois organizadas em colas reactivas e não reactivas, que se referem ao facto de a cola reagir quimicamente para endurecer. Em alternativa, podem ser organizadas pelo facto de a matéria-prima ser de origem natural ou sintética. O teste Lap Shear determina a resistência ao cisalhamento de adesivos para materiais de ligação quando testados numa amostra de junta de uma só volta. O ensaio é aplicável para determinar as forças adesivas, os parâmetros de preparação da superfície e a durabilidade ambiental. Há uma variedade de ensaios ASTM de cisalhamento de junta de uma só volta, incluindo o ASTM D1002, que especifica o cisalhamento de volta para metal com metal, o ASTM D3163 para juntas de plásticos e o ASTM D5868 para plásticos reforçados com fibra (FRP) contra si próprio ou contra metal. Para que um adesivo seja eficaz, deve ter três propriedades principais. Deve ser capaz de molhar o substrato. Tem de endurecer e, finalmente, tem de ser capaz de transmitir carga entre as duas superfícies/substratos que estão a ser colados.

Para que um material funcione como um adesivo, deve ter quatro requisitos principais

- Deve "**molhar**" as superfícies - isto é, deve fluir sobre as superfícies que estão a ser coladas, deslocando todo o ar e outros contaminantes que estejam presentes.
- Tem de **aderir** às superfícies - Ou seja, depois de passar por toda a superfície, tem de começar a aderir e a manter-se na posição, tornando-se "pegajoso".
- Deve desenvolver **resistência** - O material deve agora alterar a sua estrutura para se tornar forte ou não pegajoso, mas ainda aderente.
- Deve permanecer "**estável**" - O material não deve ser afetado pela idade, pelas condições ambientais e por outros factores enquanto a ligação for necessária.

Consoante a sua origem, os adesivos são de dois tipos: adesivos naturais e adesivos sintéticos.

2.1.1 Adesivos naturais

As colas naturais são fabricadas a partir de fontes orgânicas, como o amido vegetal (dextrina), resinas naturais ou animais (por exemplo, a caseína da proteína do leite e as colas animais à base de pele). Estas são frequentemente designadas por bio-adesivos. Um exemplo é uma pasta simples feita por cozedura de farinha em água. As colas à base de amido são utilizadas na produção de cartão canelado e sacos de papel, no enrolamento de tubos de papel e na colagem de papel de parede. A cola de caseína é utilizada principalmente para colar rótulos de garrafas de vidro. As colas de origem animal têm sido tradicionalmente utilizadas na encadernação de livros, na união de madeira e em muitas outras áreas, mas atualmente são em grande parte substituídas por colas sintéticas, exceto em aplicações especializadas como a produção e reparação de instrumentos de cordas. O albume, feito a partir da componente proteica do sangue, tem sido utilizado na indústria do contraplacado. A masonite, painel duro de madeira, foi originalmente colada utilizando lenhina natural da madeira, um polímero orgânico, embora a maioria dos painéis de partículas modernos, como o MDF, utilizem resinas termoendurecíveis sintéticas.

2.1.2 Adesivos sintéticos

As colas sintéticas são baseadas em elastómeros, termoplásticos, emulsões e termoendurecíveis. Exemplos de colas termoendurecíveis são os polímeros epóxi, poliuretano, cianoacrilato e acrílico. A cola sensível à pressão é utilizada em post-its. O primeiro adesivo sintético produzido comercialmente foi o Karlsons-Klister, na década de 1920.

2.1.3 Adesivo epóxi

O adesivo epóxi é um tipo de adesivo sintético. As colas epoxídicas são uma parte importante da classe de colas denominadas "colas estruturais" ou "colas de engenharia" (que incluem poliuretano, acrílico, cianoacrilato e outros produtos químicos). Estas colas de elevado desempenho são utilizadas na construção de aeronaves, automóveis, bicicletas, barcos, tacos de golfe, esquis, pranchas de snowboard e outras aplicações em que são necessárias colagens de elevada resistência. As colas epoxídicas podem ser desenvolvidas para se adaptarem a quase todas as aplicações. Podem ser utilizadas como colas para madeira, metal, vidro, pedra e alguns plásticos. Podem ser flexíveis ou rígidas, transparentes ou opacas/coloridas, de secagem rápida ou lenta.

Os benefícios da colagem adesiva foram demonstrados por vários fabricantes de automóveis em veículos conceptuais e produtos de nicho de baixo volume, por exemplo, o XJ220 da Jaguar, o AIV da Ford, o ECV3 da Rover, o Lotus Elise e, até certo ponto, o NSX da Honda. Um dos benefícios mais importantes é o facto de a ligação adesiva não distorcer os componentes que estão a ser unidos, como foi demonstrado que acontece com a soldadura por arco, e existem várias outras vantagens **[9]**:

- A ligação adesiva oferece uma maior rigidez da junta, em comparação com os fixadores mecânicos ou as soldaduras pontuais, porque produz uma ligação contínua em vez de um ponto de contacto localizado. Isto resulta numa distribuição de tensão mais uniforme numa área maior.
- Uma junta bem concebida absorve bem a energia e tende a ter boas propriedades de amortecimento do ruído e das vibrações.
- A cola tem essencialmente uma dupla finalidade neste tipo de aplicação - para além de proporcionar resistência mecânica, a cola veda a junta contra a entrada de humidade e detritos.
- A junta lisa produzida reduz as concentrações de tensão nos bordos da junta, proporcionando assim uma boa resistência à fadiga.
- As ligações adesivas são inerentemente de elevada resistência ao cisalhamento.
- É possível unir materiais dissimilares e incompatíveis de outra forma. Os metais

dissimilares podem ser unidos desta forma, uma vez que a camada adesiva impede o contacto íntimo que, de outra forma, poderia levar à corrosão galvânica.

- A colagem de adesivos tende a ser considerada como um processo de custo comparativamente baixo em termos de equipamento. No entanto, a automatização do processo através de um robot, por exemplo, necessita de medidas como a compensação da viscosidade, quer através da variação do tamanho do orifício do bocal, quer através de mangueiras de abastecimento aquecidas, para proporcionar uma aplicação consistente. Também é necessário um sistema de controlo que permita a interação entre o robot e o sistema de distribuição de cola. O baixo custo é, por isso, discutível e requer uma análise mais aprofundada dos dados de custo reais, de modo a proporcionar uma comparação exacta.

Existem também algumas limitações:

- As colas de alto desempenho actuais são sistemas à base de epóxi ou de solventes, o que suscita preocupações ambientais consideráveis. Os riscos para a saúde e a segurança associados à utilização destas substâncias implicam custos significativos para a extração adequada de fumos, vestuário de proteção e armazenamento adequado para proteção contra incêndios.
- Existem também dificuldades previsíveis com a utilização extensiva de juntas adesivas na produção em série. As colas têm um prazo de validade limitado, pelo que é necessário prever este facto através do controlo dos materiais.
- As juntas adesivas são intrinsecamente frágeis em termos de casca e a conceção dos veículos deve ter em conta este facto, nomeadamente no que respeita à resistência ao choque.
- O adesivo epoxídico puro é frágil por natureza e tem uma tenacidade consideravelmente baixa e uma fraca resistência à propagação de fissuras.

Foram feitos grandes esforços para introduzir partículas inorgânicas de tamanho micrónico **[10-12]** e borracha **[13-15]** para endurecer a matriz epóxi, mas a utilização de borracha como carga reduz, por sua vez, a estabilidade térmica do sistema **[16]**. No entanto, na maioria dos trabalhos anteriores, a melhoria das propriedades da matriz epoxídica através da dispersão de partículas inorgânicas (metálicas e não metálicas) na mesma foi estudada utilizando partículas de tamanho relativamente maior (20-100 pm), possivelmente devido à facilidade de processamento e para evitar a formação de aglomerados significativos **[17-18]**. Nesses trabalhos, o interesse foi frequentemente direcionado para a utilização de uma quantidade relativamente grande (cerca de 20-40 wt%) de partículas, a fim de melhorar as propriedades mecânicas **[17]** da matriz epoxídica, o que torna mais difícil manter o sistema livre de aglomerados e, consequentemente, evitar a perda de propriedades. Mas a utilização de uma quantidade relativamente menor de partículas metálicas e não metálicas de tamanho micro relativamente mais pequeno para melhorar as propriedades dos adesivos à base de epóxi ainda não foi bem compreendida. Ameli et al. **[19]** estudaram o comportamento de crescimento de fissuras de duas colas epoxídicas estruturais endurecidas com borracha e curadas pelo calor. Verificaram que existia uma relação significativa entre a profundidade média da fenda, a rugosidade da superfície de fratura e o ângulo da superfície de fratura com a taxa crítica de libertação de energia de deformação. Takihiro Okamatsu et al. **[20]** tentaram melhorar a tenacidade e as propriedades de aderência da resina epóxi modificada com microesferas de uretano reticulado com sililo, preparadas através do método de vulcanização dinâmica em éter diglicídico líquido de bisfenol A. A resistência ao cisalhamento, a tenacidade e a resistência ao descolamento foram significativamente melhoradas. Mas não conseguiram melhorar a propriedade de resistência à fissuração das colas.

Assim, a partir da literatura, verifica-se que não foi feita uma única tentativa para aumentar a tenacidade e as propriedades de resistência à fissuração da parte da junta adesiva que está em serviço, introduzindo o conceito de auto-regeneração da fissura gerada na junta sobreposta adesiva epoxídica para as suas aplicações estruturais seguras. O avanço dos compósitos poliméricos auto-vedantes é uma área de grande interesse devido à sua capacidade de auto-regeneração em caso de início de fissuras ou de danos. A parte mais importante destes compósitos é o processo de encapsulamento de microcápsulas que contêm um agente cicatrizante líquido. Existe um grande número de publicações sobre o encapsulamento de vários agentes auto-regeneradores, como o diciclopentadieno, o polidimetilsiloxano, o endurecedor e o epóxi, para preparar o compósito polimérico auto-regenerador **[21-40]**. E. N. Brown et al. **[22]** prepararam microcápsulas auto-regeneradoras contendo diciclopentadieno como material do núcleo e poli-(ureaformaldheyde) como material do invólucro pelo método de polimerização in-situ. Prepararam microcápsulas com uma ampla distribuição de tamanhos (10-1000 inn) seleccionando a velocidade de agitação no intervalo de 200-2000 rpm. A resina epóxi e o seu endurecedor, que aderem bem a muitos materiais, são materiais ideais para compósitos poliméricos auto-regeneráveis. Estas microcápsulas contendo o endurecedor, a resina ou quaisquer outros agentes de cura podem fluir no percurso da fissura e podem ser encapsuladas com êxito por vários métodos, como a polimerização in situ **[23]**, a copolimerização interfacial induzida por irradiação UV em emulsões **[24]**, a técnica de evaporação de solventes **[25]**, etc. Qi Li et al. **[38]** sintetizaram microcápsulas auto-regenerativas contendo material duro como núcleo e PMMA como material de revestimento através da técnica de evaporação de solventes. Do mesmo modo, no artigo seguinte **[39]**, prepararam microcápsulas de componente duplo contendo endurecedor e resina através da técnica de evaporação de solventes.

2.2 Auto-Cura

O mecanismo de auto-cura é inspirado na natureza. A cura é uma caraterística fundamental de todos os seres naturais. Os organismos podem reparar qualquer dano físico ocorrido de forma autónoma. Este conceito pode ser alargado aos compósitos; os compósitos poliméricos autocicatrizantes imitam esta caraterística e reparam qualquer dano sofrido ao longo do tempo. O início de fissuras e outros tipos de danos microscópicos podem alterar as propriedades térmicas, eléctricas e acústicas e, eventualmente, levar à rutura total do material. Normalmente, as fissuras são reparadas à mão, o que não é satisfatório porque as fissuras são muitas vezes difíceis de detetar. É aqui que entram em ação os materiais que se podem auto-regenerar. As principais vantagens do compósito polimérico auto-regenerativo em relação aos materiais de construção convencionais são a redução do desgaste por fadiga e o aumento da vida útil. Como resultado, a manutenção regular não é necessária e os custos são reduzidos. Assim, a economia é restabelecida.

2.2.1 Princípio da auto-cura

A Figura 2.1(a) ilustra o conceito de cicatrização autónoma sugerido por White et al. 2001 [21]. A principal caraterística dos materiais autocicatrizantes é o agente de cicatrização microencapsulado altamente projetado. A cicatrização é conseguida através da incorporação de um agente de cicatrização microencapsulado e de um ativador químico catalítico numa matriz epoxídica. A aproximação de uma fenda rompe as microcápsulas incorporadas, libertando o agente de cura no plano da fenda através de ação capilar. A polimerização do agente de cura é desencadeada pelo contacto com o catalisador incorporado, unindo as faces da fenda.

As microcápsulas em polímeros auto-cicatrizantes não só armazenam o agente cicatrizante durante os estados quiescentes, como também proporcionam um gatilho mecânico para o processo de auto-cicatrização quando ocorrem danos no material hospedeiro e as cápsulas se rompem. O mecanismo de desencadeamento induzido pelo dano proporciona um controlo autónomo da reparação específico do local.

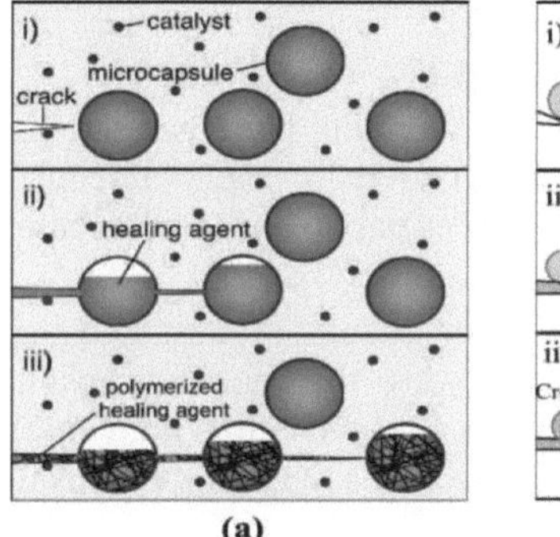

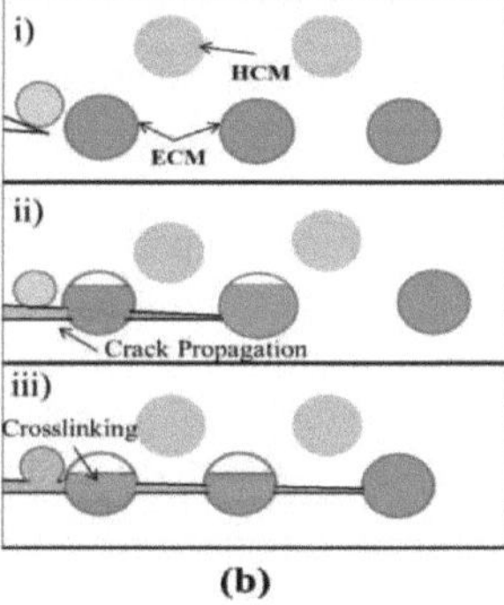

FIGURA 2.1 (a) Autonomic Self-Healing (Ref. [21]) e (b) Dual component Self-Healing

A Fig. 2.1 (b) ilustra o conceito de microcápsulas de componente duplo contendo endurecedor e resina epóxi. Neste conceito, o catalisador é substituído pelo agente de cura encapsulado ou endurecedor da resina epoxídica correspondente, que também é incorporada na mesma matriz. O mecanismo de auto-regeneração consiste no facto de, quando uma fenda se propaga no compósito, as microcápsulas que contêm a resina e o endurecedor se fracturarem no trajeto da fenda e libertarem o agente de cura (resina) e o endurecedor (endurecedor) no trajeto da fenda, inibindo assim a propagação da fenda. Este trabalho utiliza o mesmo conceito de mecanismo de auto-regeneração, incorporando microcápsulas de auto-regeneração de componente duplo na junta adesiva de volta única para aumentar a durabilidade da junta sintetizada pela técnica de evaporação de solvente.

2.2. 2Microcápsulas auto-regeneradoras

Os polímeros e compósitos auto-cicatrizantes com agentes cicatrizantes microencapsulados oferecem um enorme potencial para o fornecimento de materiais estruturais de longa duração. As microcápsulas em polímeros auto-regenerativos não só armazenam o agente de cura durante estados quiescentes, como também proporcionam um gatilho mecânico para o processo de auto-regeneração quando ocorrem danos no material hospedeiro e as cápsulas se rompem. As microcápsulas devem possuir resistência suficiente para permanecerem intactas durante o processamento do polímero hospedeiro, mas romperem-se quando o polímero é danificado. É necessária uma elevada resistência de ligação ao polímero hospedeiro combinada com um invólucro de microcápsula de resistência moderada. Para garantir um prazo de validade longo, as cápsulas devem ser impermeáveis a fugas e à difusão do agente cicatrizante líquido encapsulado durante um período de tempo considerável.

2.2.3 Morfologia das cápsulas

As cápsulas são compostas por duas partes - a parte do invólucro e o material do núcleo cicatrizante. O agente cicatrizante é encapsulado no interior do invólucro através de várias técnicas. O diâmetro da microcápsula, a morfologia da superfície, a espessura da parede do invólucro e o conteúdo do núcleo determinam o comportamento de rutura da cápsula e a libertação do agente cicatrizante nos polímeros auto-regeneradores. Estas cápsulas têm um prazo de validade elevado e as suas dimensões podem variar entre vários microns e o nível nanométrico, sendo conhecidas como microcápsulas e nanocápsulas, respetivamente.

2.2.4 Necessidade de encapsulamento

O microencapsulamento de materiais é restaurado para garantir que o material encapsulado chegue à área de ação sem ser afetado negativamente pelo ambiente através do qual passa. Entre as principais razões para o encapsulamento estão:

- Separação de componentes incompatíveis
- Conversão de líquidos em sólidos livres
- Aumento da estabilidade (proteção dos materiais encapsulados contra a oxidação, a cura, a desativação devido à reação com o ambiente)
- Mascaramento do odor, sabor e atividade dos materiais encapsulados
- Proteção do ambiente imediato
- Libertação controlada de compostos activos (libertação sustentada ou retardada)
- Libertação direccionada de materiais encapsulados

2.2.5 Tipos de microcápsulas

As microcápsulas podem ser classificadas em três categorias básicas: monocoradas, policoradas e matriciais, como mostra a Fig. 2.2. As microcápsulas monocóricas têm uma única câmara oca no interior da parede do invólucro da cápsula. As microcápsulas de núcleo polimérico têm várias câmaras de diferentes dimensões no interior da matriz do invólucro. A micropartícula do tipo matriz tem os ingredientes activos integrados na matriz do material do invólucro. No entanto, a morfologia da estrutura interna de uma micropartícula depende em grande medida dos materiais do invólucro seleccionados e dos métodos de microencapsulação utilizados. As microcápsulas de auto-regeneração são geralmente microcápsulas monocoradas.

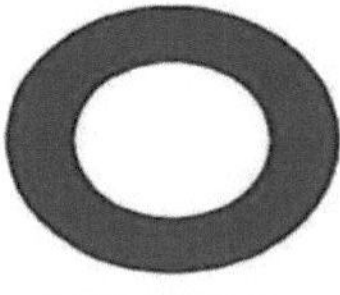

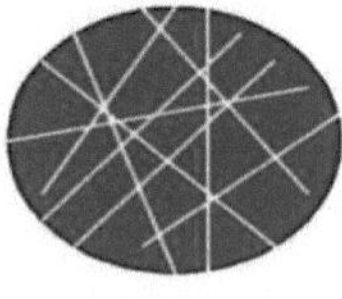

FIGURA 2.2 Diferentes tipos de microcápsulas (Ref. [26])

2.2. 6Métodos de microencapsulação

Os métodos de microencapsulação podem ser classificados, em termos gerais, em métodos físicos e químicos, como se indica no quadro seguinte (Quadro 3.1). Os métodos de encapsulação dependem do conteúdo do núcleo das microcápsulas e do material da parede do invólucro.

TABELA 2.1: Métodos de encapsulamento [26]

Nome da técnica	**Áreas de aplicação**
Métodos químicos	
Polimerização em suspensão	Têxtil
Polimerização em emulsão	Medicamentos
Dispersão	Biociências
Interfacial	Administração de medicamentos
Métodos físicos/mecânicos	
Reticulação da suspensão	Administração de medicamentos
Evaporação/extração de solventes	Administração de medicamentos
Coacervação/separação de fases	Administração de medicamentos
Secagem por pulverização	Tecnologia alimentar
Revestimento de leito fluidizado	Tecnologia alimentar
Solidificação da massa fundida	Tecnologia alimentar
Precipitação	Biocatálise

Co-extrusão	Biomédico
Deposição camada a camada	Biosensor
Expansão de fluidos supercríticos	Administração de medicamentos
Disco giratório	Engenharia alimentar

Além disso, o método de encapsulamento também depende do objetivo dos materiais de encapsulamento. Para a preparação de microcápsulas auto-regeneradoras, o método de polimerização in-situ e o método de evaporação de solventes são os métodos bem estabelecidos. O procedimento de encapsulamento seguido neste curso do projeto é: Técnica de evaporação de solventes, que é apresentada no capítulo seguinte. Na técnica de evaporação de solvente, a emulsão de óleo em água é criada na fase contínua utilizando um surfactante que actua como emulsionante. O mecanismo de emulsificação é descrito na secção seguinte.

2.3 Emulsionantes

Os emulsionantes são aditivos que ajudam dois líquidos a misturarem-se. Por exemplo, a água e o óleo separam-se num copo, mas a adição de um emulsionante ajuda os líquidos a misturarem-se. É normalmente utilizado em diferentes alimentos e bebidas. Alguns exemplos de emulsionantes são as gemas de ovo e a mostarda. Um emulsionante (também conhecido como "emulgente") é uma substância que estabiliza uma emulsão, aumentando a sua estabilidade cinética. Uma classe de emulsionantes é conhecida como "agentes activos de superfície", ou surfactantes. O mecanismo de emulsificação é apresentado na Fig. 2.3.

A. Dois líquidos imiscíveis, ainda não emulsionados.
B. Uma emulsão da fase B dispersa na fase A.
C. A emulsão instável separa-se progressivamente.
D. O surfactante (contorno à volta das partículas) posiciona-se nas interfaces entre a Fase B e a Fase A, estabilizando a emulsão.

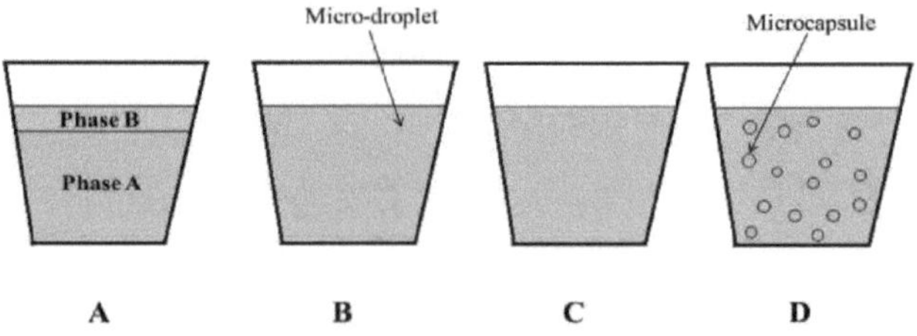

FIGURA 2.3 Mecanismo de emulsificação

Uma emulsão é uma mistura de dois ou mais líquidos que são normalmente imiscíveis (não misturáveis ou não misturáveis). As emulsões fazem parte de uma classe mais

geral de sistemas de matéria bifásicos denominados colóides. Embora os termos coloide e emulsão sejam por vezes utilizados indistintamente, a emulsão deve ser utilizada quando tanto a fase dispersa como a fase contínua são líquidas. Numa emulsão, um líquido (a fase dispersa) está disperso no outro (a fase contínua). A palavra "emulsão" vem da palavra latina para "ordenhar", uma vez que o leite é uma emulsão de gordura do leite e água, entre outros
componentes. No processo de emulsificação podem estar envolvidos vários processos e mecanismos químicos e físicos diferentes:

- **Teoria da tensão superficial** - de acordo com esta teoria, a emulsificação ocorre pela redução da tensão interfacial entre duas fases.
- **Teoria da repulsão** - o agente emulsionante cria uma película sobre uma fase que forma glóbulos, que se repelem mutuamente. Esta força de repulsão faz com que eles permaneçam suspensos no meio de dispersão.
- **Modificação da viscosidade** - emulgentes como a acácia, que são hidrocolóides, bem como PEG (ou polietilenoglicol), glicerina e outros polímeros como CMC (carboximetilcelulose); todos aumentam a viscosidade do meio, o que ajuda a criar e manter a suspensão dos glóbulos da fase dispersa.

2.4 Surfactante

Os tensioactivos são compostos que reduzem a tensão superficial (ou tensão interfacial) entre dois líquidos ou entre um líquido e um sólido. Os tensioactivos podem atuar como detergentes, agentes molhantes, emulsionantes, agentes espumantes e dispersantes. Os tensioactivos são geralmente compostos orgânicos anfifílicos, o que significa que contêm tanto grupos hidrofóbicos (as suas caudas) como grupos hidrofílicos (as suas cabeças) [2]. Por conseguinte, um agente tensioativo contém um componente insolúvel em água (ou solúvel em óleo) e um componente solúvel em água. Os tensioactivos difundem-se na água e adsorvem-se nas interfaces entre o ar e a água ou na interface entre o óleo e a água, no caso em que a água é misturada com o óleo. Deste modo, forma-se uma micela com uma cavidade esférica no seu interior. O diagrama esquemático da formação de uma micela é apresentado na Fig. 2.4.

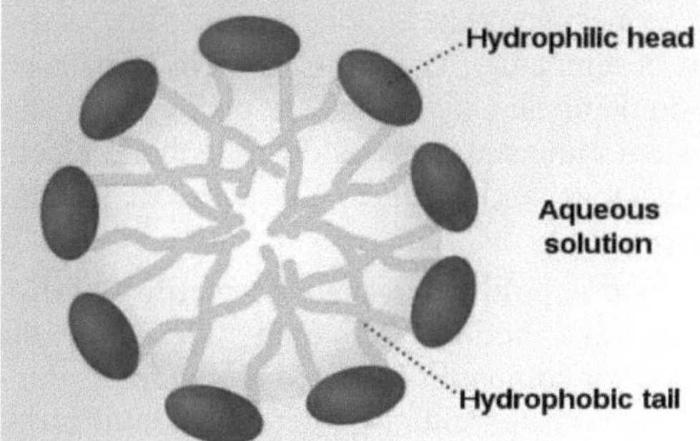

FIGURA 2.4 Diagrama esquemático da formação de uma micela [Fonte: Google}

2.5 Materiais de base

Tal como referido na secção anterior, para efeitos de auto-regeneração, as microcápsulas de dois componentes, ou seja, as microcápsulas com endurecedor e as microcápsulas com epóxi, são reforçadas com o adesivo epóxi puro. O material de base da microcápsula com endurecedor é a trietilenotetramina (TETA) e o da microcápsula com resina epoxídica é o éter diglicidílico do bisfenol A (DGEBA, Lapox L-12). O TETA (utilizado como endurecedor para epóxi) foi escolhido como agente de cura para microencapsulação devido à sua fluidez e cura a baixa temperatura. A estrutura química do DGEBA (Lapox L-12) e do TETA é apresentada na Fig. 2.5. O termo "resinas epoxídicas" refere-se tanto ao pré-polímero como ao seu sistema de endurecimento/resina de cura. Uma das propriedades valiosas das resinas epoxídicas é a sua capacidade de passar do estado líquido (ou termoplástico) para sólidos termoendurecidos duros. A solidificação é conseguida através da adição de um reagente químico conhecido como "agente de cura ou endurecedor". Alguns agentes de cura promovem a cura por ação catalítica, enquanto outros participam diretamente na reação e são absorvidos pela cadeia epóxida. A reação de polimerização pode ser realizada à temperatura ambiente, com calor produzido por uma reação exotérmica, ou pode exigir a aplicação de calor externo. As matrizes de resina epóxi podem ser curadas à temperatura ambiente.

DGEBA (Lapox L-12)

TETA

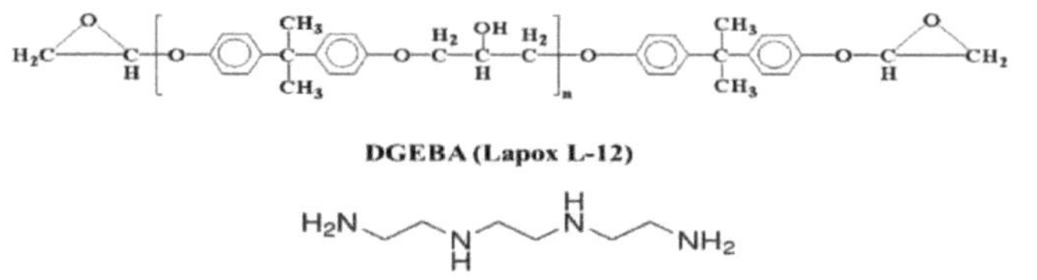

FIGURA 2.5 Estruturas químicas do DGEBA e do TETA

A seleção do agente de cura determina se é necessária uma cura à temperatura ambiente ou a uma temperatura elevada. O calor é frequentemente adicionado para acelerar a cura e para obter um grau de cura mais elevado. Os sistemas de resina epóxi são superiores aos poliésteres, particularmente no que diz respeito à adesão a uma grande variedade de fibras, à resistência química e à humidade. Devido à sua baixa densidade, às boas propriedades adesivas e mecânicas e à versatilidade de cura numa vasta gama de temperaturas, as resinas epoxídicas tornaram-se um material promissor para aplicações de elevado desempenho, como no fabrico de carroçarias e estruturas de aeronaves militares e comerciais. Os sistemas de resina epóxi são termoendurecíveis, amplamente utilizados em muitas aplicações de engenharia eléctrica, como máquinas rotativas, casquilhos, sistemas de comutação e sistemas de isolamento.

2.6 Material da casca

O material do invólucro é o poli(metacrilato de metilo) (PMMA), uma vez que o PMMA tem também o mérito de uma elevada estabilidade química, biocompatibilidade e melhor compatibilidade com o endurecedor e o epóxi [27,28]. O PMMA é um termoplástico transparente frequentemente utilizado como alternativa ao vidro, por ser leve e resistente a estilhaços. Embora não seja tecnicamente um tipo de vidro, a substância tem sido por vezes historicamente designada por vidro acrílico. O PMMA é uma alternativa económica ao policarbonato (PC) quando não é necessária uma resistência extrema. O PMMA não modificado comporta-se de forma frágil quando carregado, especialmente sob uma força de impacto, e é mais propenso a riscar do que o vidro inorgânico convencional, mas o PMMA modificado pode atingir uma elevada resistência a riscos e impactos. O nome IUPAC do PMMA é Poli(2-metilpropenoato de metilo) com fórmula molecular $(C5O2H8)_n$. A densidade do PMMA é de 1,18 g/cm^3 e o ponto de fusão é de 160 °C. Uma vez que o PMMA é hidrofóbico, tem tendência para se depositar nas microgotas formadas por agitação energética elevada na solução e estabiliza-se com a ajuda de um emulsionante. Além disso, o PMMA é biodegradável e, por isso, amigo do ambiente.

2.7 Panorama da revisão da literatura

Devido à importância, às vantagens e às aplicações da junta sobreposta adesiva, os investigadores têm sido motivados a melhorar a resistência ao cisalhamento, a durabilidade, a propriedade de resistência à fissuração e a tenacidade da junta sobreposta adesiva. Por outro lado, o conceito de materiais auto-regenerativos tem vindo a desenvolver-se de dia para dia na ciência dos polímeros. Como neste trabalho se estuda a perspetiva de produzir um adesivo composto epóxi auto-regenerativo através da introdução de um agente de cura constituído por microcápsulas de componente duplo (epóxi e endurecedor), a principal literatura relacionada com este trabalho é mencionada em duas partes, como se descreve a seguir

2.7.1 Literaturas relacionadas com a junta sobreposta de adesivo epoxídico

Esta revisão da literatura destina-se a fornecer informações de base sobre as questões a considerar e a realçar a importância do presente trabalho de investigação. Foi efectuado um levantamento detalhado dos trabalhos de investigação anteriores relacionados com a junta adesiva epoxídica, técnicas de preparação de superfícies, métodos de união de materiais dissimilares, melhoria das propriedades mecânicas e mecanismos de fratura envolvidos.

T.A. Barnes et al. [1] compararam a ligação adesiva e os fixadores mecânicos como técnicas potenciais para a união de componentes de estruturas espaciais em produção em série. Verificou-se que existem problemas de processamento associados a ambas as técnicas. Nenhuma das técnicas discutidas foi capaz de fornecer uma combinação ideal de baixo custo, fiabilidade do processo, qualidade consistentemente boa, boa integridade microestrutural, alta resistência e excelente desempenho em termos de impacto e durabilidade. No entanto, embora não seja evidente uma solução definitiva, concluiu-se que uma combinação de técnicas poderia ser utilizada com grande eficácia.

S.A. Meguid et al. [4] investigaram as propriedades de tração, descolagem e cisalhamento de interfaces compósitas reforçadas por duas nanocargas diferentes homogeneamente dispersas, nanotubos de carbono e nanopó de alumina. Os resultados revelaram que, para uma determinada percentagem de peso (volume), a presença de nanopartículas desempenha um papel importante na determinação da resistência da interface. Foi observado que existe um limite para o número de nanopartículas para além do qual se observa uma diminuição das propriedades.

Costa-Mattos et al. [7] analisaram os sistemas de reparo epóxi para tubulações metálicas submetidas a deformações elásticas ou inelásticas com danos localizados por corrosão que prejudicam a serventia. Eles propuseram alguns métodos para a utilização de sistemas epóxi de reparo em diferentes situações de dano, que são apresentados e analisados mostrando as possibilidades de uso prático da metodologia proposta.

P. K. Ghosh et al. [8] estudaram a influência da carga de partículas de Al_2O_3, Al e Cu (0,5-5 ppm) num adesivo epóxi relativamente à estabilidade térmica e às propriedades de junta de cisalhamento de uma única volta dos compósitos resultantes. Verificaram que, por mistura mecânica, é possível obter uma mistura homogénea até 10 wt% de teor de partículas. Verificaram que as propriedades de cisalhamento e o comportamento térmico aumentam primeiro até 10 wt% de carga e, para além disso, diminuem. O reforço com partículas de Al deu os melhores resultados no que respeita à resistência ao cisalhamento.

Min You et al. [11] estudaram o efeito do filete contendo componentes metálicos na resistência de juntas de sobreposição simples coladas adesivamente, alternando a forma e o tamanho dos componentes metálicos como parte do filete ou como filete completo na extremidade das juntas. Utilizaram aço macio e colas epoxídicas para preparar uma junta de corte de uma só volta. Foram utilizados três tipos de componentes de aço como enchimento na junta - dois tinham a forma de arame e uma coluna com a secção de um triângulo isósceles direito. As juntas de sobreposição simples com filetes que incluem componentes metálicos mostraram uma variação significativa das tensões de rotura da junta e alterações dos modos de rotura. O fio de aço incorporado nos filetes pretende aumentar a resistência ao corte e leva à alteração do modo de rotura, que passa de uma rotura principalmente interfacial para uma rotura coesiva. No entanto, não foi possível justificar a razão dos diferentes modos de rotura na junta adesiva de corte por sobreposição.

R. Kilik et al. [12] investigaram as propriedades mecânicas, tais como a resistência à tração, a resistência ao cisalhamento, a força de descasque, a resistência ao impacto e a resistência à fadiga de um adesivo epóxi preenchido com potências metálicas. Os materiais de enchimento utilizados foram pós de alumínio e pós de cobre. Verificou-se que, para as propriedades quase estáticas (tração, cisalhamento por sobreposição e descamação T), o pó de alumínio era geralmente preferível como adição. Concluíram que este facto pode ter ocorrido devido à forma irregular dos pós de alumínio, que permitiu o encravamento entre a matriz e o material de enchimento. No caso dos ensaios dinâmicos (ensaios de impacto e de fadiga), consideraram que o cobre era eficaz devido à sua forma uniforme e à menor ocorrência do fenómeno de aumento de tensão.

H. Khoramishad et al. [13] tentaram aumentar a resistência do adesivo através da introdução de partículas e fibras metálicas. Verificaram que o diâmetro e a distribuição uniforme da fibra metálica na matriz constituíam um desafio importante para melhorar a tenacidade da junta adesiva de corte por sobreposição.

Makoto Imanaka et al. [15] investigaram a resistência ao crescimento de fendas (curva R) de espécimes de uma viga com entalhe de aresta simples (SENB) e de uma viga dupla em cantilever (DCB) colada adesivamente, sob condições de carga do modo I, utilizando dois tipos de adesivo epóxi modificado com borracha: um era um adesivo modificado com CTBN de borracha líquida e o outro era um adesivo modificado com partículas de borracha reticuladas (DCS). Como resultado, tanto para os espécimes SENB como para os DCB, o gradiente da curva R para o adesivo modificado com DCS foi mais acentuado do que para o adesivo modificado com CTBN; no entanto, a diferença na resistência à fratura entre os adesivos modificados com DCS e CTBN é menor para os espécimes DCB do que para os SENB.

Ameli et al. [19] estudaram o comportamento de crescimento de fissuras de duas colas epóxi estruturais endurecidas com borracha e curadas pelo calor. Verificaram que existia uma relação significativa entre a profundidade média da fenda, a rugosidade da superfície de fratura e o ângulo da superfície de fratura com a taxa crítica de libertação de energia de deformação.

Takihiro Okamatsu et al. [20] tentaram melhorar a resistência e as propriedades de aderência da resina epóxi modificada com microesferas de uretano com ligações cruzadas de sililo preparadas utilizando o método de vulcanização dinâmica em éter diglicídico líquido de bisfenol A. A resistência ao cisalhamento, a resistência e a resistência ao descolamento foram significativamente melhoradas. Mas não conseguiram melhorar a propriedade de resistência à fissuração das colas.

2.7.2 Literaturas relacionadas com compósitos poliméricos auto-regeneráveis

Esta revisão da literatura destina-se a fornecer informações de base sobre as questões a considerar e a realçar a importância do presente trabalho de investigação. Foi efectuado um levantamento pormenorizado dos trabalhos de investigação anteriores relacionados com o compósito polimérico auto-regenerador, os métodos de encapsulamento, as microcápsulas auto-regeneradoras e o efeito dos parâmetros do processo na eficiência da regeneração.

S. R. White et al. [21] introduziram pela primeira vez a cicatrização autónoma de compósitos poliméricos. Incorporaram microcápsulas contendo um agente cicatrizante preparado por polimerização in situ e um catalisador na matriz polimérica. Obtiveram uma recuperação de até 75% da resistência à fratura devido à auto-regeneração da fenda gerada na matriz polimérica.

E. N. Brown et al. [22] desenvolveram pela primeira vez um método para preparar microcápsulas de diciclopentadieno (DCPD) por polimerização in situ de poli(ureia-formaldeído). As microcápsulas de 10-1000 pm de diâmetro foram produzidas através da seleção adequada da taxa de agitação no intervalo de 200-2000 rpm. A morfologia da superfície foi analisada utilizando microscópio ótico e eletrónico. Ao incorporar as cápsulas numa resina adequada, foi feita a análise da resistência à fratura e à fadiga dos compósitos. O catalisador de Grubbs foi disperso no compósito enquanto reage com o DCPD para colmatar a fissura.

Ding Shu et al. [24] introduziram um novo método para preparar resina epóxi contendo microcápsulas através da copolimerização radicalar iniciada por UV num método de emulsão epóxi. Prepararam com sucesso microcápsulas com uma distribuição uniforme do tamanho e um diâmetro médio de 5-35 nm. A espessura da parede da casca era de cerca de 200-300 nm e o conteúdo do núcleo era de 54 a 71%.

Rzeszutko et al. [27] calcularam a resistência à tração das cápsulas preparadas por White at al. [1]. Foram efectuados ensaios de tração uniaxial em amostras padrão de osso de cão para medir o módulo de Young do epóxi auto-regenerativo a baixas concentrações de microcápsulas, especificamente de 0 a 30 wt%, que diminuiu linearmente. Este comportamento segue um modelo de regra de misturas, assumindo que as microcápsulas se comportam como vazios.

Li Yuan et al. [28] prepararam e caracterizaram uma nova série de microcápsulas com poli(ureaformaldheído) (PUF) como materiais de revestimento e uma mistura de resina epóxi e éter 1-butil glicidílico (BGE) como materiais de núcleo pelo método de polimerização in-situ. Prepararam microcápsulas com um diâmetro médio de 92-247 im, variando a velocidade de agitação de 200-500 rpm. A relação entre o diâmetro médio e a velocidade de agitação é um terceiro decaimento exponencial e linear na escala log-log.

Yin Tao et al. [29] sintetizaram um sistema de cicatrização de dois componentes constituído por microcápsulas de ureia-formaldeído contendo epóxi (30-70 pm de diâmetro) e endurecedor latente CuBr2 (2-MeIm)$_4$ (o complexo de CuBr2 e 2-metilimidazole) pelo método de polimerização in-situ. A resistência à fratura dos espécimes curados e a correspondente eficiência de cura estavam intimamente relacionadas com o conteúdo do agente de cura e do agente de cura latente. Obtiveram uma eficiência de cura de cerca de 68%.

Blaiszik et al.[30] sintetizaram nanocápsulas de DCPD utilizando técnicas de ultra-sons. As propriedades mecânicas do compósito epóxi/cápsulas utilizando a resistência à fratura modo-I, o módulo de elasticidade e a resistência à tração final foram medidas e comparadas com cápsulas maiores.

Joseph D. Rule et al. [31] investigaram a influência da dimensão média das microcápsulas e da dimensão das fissuras no desempenho de materiais auto-regeneráveis. Estes materiais à base de epóxi continham partículas de catalisador de Grubbs incorporadas e diciclopentadieno (DCPD) microencapsulado. A quantidade de agente de cura fornecida num material de auto-regeneração foi determinada pelo produto da fração de peso da microcápsula e do diâmetro da microcápsula. Descobriram que a auto-regeneração pode ser conseguida com pequenos volumes de fissuras (como com uma separação de fissuras de apenas 3 iim) e com apenas 1,25 wt% de microcápsulas ou com microcápsulas mais pequenas do que 30 inn.

Li Yuan et al. [33] sintetizaram uma série de microcápsulas PUF contendo resinas epóxi seleccionando diferentes parâmetros de processo, incluindo o tipo de surfactante, a concentração de surfactante, o tempo de ajuste do valor de pH e a taxa de aquecimento. Prepararam as microcápsulas pelo método de polimerização in-situ. Verificaram que o tamanho das microcápsulas pode ser controlado pela concentração e tipo de tensioativo. A morfologia da superfície das microcápsulas pode ser ajustada pela concentração de surfactante, pelo tempo de ajuste do pH e pela taxa de aquecimento.

Yan Chao Yuan et al. [34] permitiram que a auto-regeneração se processasse rapidamente, oferecendo uma eficácia de reparação atractiva. Para dar todo o protagonismo ao agente de cicatrização, foi estudada neste trabalho a influência de uma série de factores na química de cicatrização dos compósitos. Verificou-se que a forte alcalinidade do catalisador, a elevada atividade do mercaptano e a baixa viscosidade do pré-polímero epóxi encapsulado garantiam uma elevada eficiência e taxa de cicatrização. Além disso, a correspondência dos tamanhos e fracções das microcápsulas foi fundamental para manter a relação estequiométrica dos componentes nas áreas danificadas, conforme exigido pelo mecanismo da reação de cicatrização. Os resultados forneceram dados essenciais para a otimização do sistema de auto-regeneração.

Chuanjie Fan et al [35] prepararam uma série de microcápsulas por polimerização in-situ com PUF como material de revestimento e esferas de vidro como material do núcleo. O resultado mostrou que a morfologia da superfície depende do valor do pH e o tamanho depende da velocidade de agitação. Utilizaram o poli(etileno-alto-anidrido maleico) (poli(EMA)) como emulsionante.

Girish Galgali et al. [36] relataram o encapsulamento direto de um sistema de solventes sustentáveis em microcápsulas de sílica através de uma reação sol-gel do precursor de sílica para aplicação potencial de um sistema polimérico termoplástico auto-cicatrizante. As microcápsulas de sílica foram realizadas por hidrólise e condensação de tetraetilortosilicato (TEOS) utilizando uma microemulsão aquosa de glicerol como modelo. Verificou-se que as microcápsulas de sílica registadas apresentam melhores propriedades mecânicas em comparação com as microcápsulas orgânicas à base de ureia-formaldeído (UF).

Jin et al. [37] relataram um sistema termoendurecido auto-regenerativo contendo epóxi-amina em microcápsulas de componente duplo. As microcápsulas com amina foram preparadas por infiltração a vácuo da amina em microcápsulas poliméricas ocas e as microcápsulas com resina epóxida foram preparadas pelo método de polimerização in situ. O rácio ideal de massa de amina: cápsulas de epóxi foi de 4: 6 e foi alcançada uma eficiência média de cicatrização de 91% com cápsulas de amina de 7% em peso e cápsulas de epóxi de 10,5% em peso.

Qi Li et al. [38] utilizaram o poli(metilmetacrilato) (PMMA) como invólucro de encapsulamento e a amina como agente cicatrizante. Prepararam as microcápsulas contendo amina através da técnica de evaporação de solventes. As microcápsulas resultantes apresentam uma excelente estabilidade térmica e de armazenamento do agente de cura. O invólucro de PMMA foi utilizado porque é muito difícil encapsular endurecedores à base de amina. O tamanho médio das microcápsulas diminuiu e o conteúdo do núcleo aumentou com o aumento da concentração do emulsionante e da velocidade de agitação. A eficiência máxima de cura obtida foi de cerca de 93,5%.

Siddaramaiah et al. [39] prepararam microcápsulas de dois componentes à base de PMMA contendo resina epóxi DGEBA e endurecedor de polieteramina através da técnica de evaporação de solventes e incorporaram-nas na matriz polimérica. Examinaram a resistência à tração e a eficiência de auto-regeneração do compósito reforçado. Os resultados mostraram que a resistência à tração aumentou até 5 wt% e depois diminuiu gradualmente. A eficiência máxima de cicatrização obtida foi de 84,5% com 15 wt% do conteúdo de microcápsulas de componente duplo.

Henghua Jin et al. [40] demonstraram o comportamento à fratura de um adesivo epóxi endurecido e auto-regenerável. A auto-regeneração é conseguida através de microcápsulas incorporadas contendo monómero de diciclopentadieno e partículas sólidas de catalisador de dicloreto de bis- (triciclo-hexilfosfina)-benzilidina ruténio (IV) (Grubbs'). A eficiência de cicatrização baseada na recuperação da resistência à fratura virgem variou entre 20% e 58% e aumentou com a concentração de microcápsulas.

E.N. Brown et al. [41] investigaram as questões de mecânica da fratura significativas para o desenvolvimento e otimização de materiais auto-regeneráveis. O material auto-regenerativo sob investigação era um compósito de matriz epóxi, que incorporava um agente de cura microencapsulado que era libertado após a incursão da fenda. Foram investigados os efeitos do tamanho e da concentração do catalisador e das microcápsulas na resistência à fratura e na eficiência da cicatrização. Em todos os casos, a adição de microcápsulas endureceu significativamente o epóxi puro. Uma vez curado, o polímero auto-regenerativo apresenta a capacidade de recuperar até 90% da sua resistência à fratura virgem.

E. N. Brown et al. [42] investigaram a resistência à fratura e a eficiência de cicatrização de espécimes compósitos de viga cónica de duplo cantilever (TDCB) reforçados com microcápsulas encapsuladas de diciclopentadieno (DCPD) e catalisador de Ru de Grubbs. Verificaram que a resistência à fratura dos espécimes compósitos era muito superior à das amostras de epóxi com concentrações semelhantes de microesferas de sílica ou partículas sólidas de polímero UF. A resistência máxima média foi 127% superior à do epóxi puro. A adição de microcápsulas produziu uma transição da morfologia do plano de fratura para marcas de hachura. O aumento da tenacidade associado às microcápsulas preenchidas com fluido foi atribuído ao aumento das marcas de hachura e à microfissuração subsuperficial não observada para os enchimentos de partículas sólidas.

2.7 Desafios em trabalhos anteriores

- A fraca propriedade de resistência à fissuração e a durabilidade da junta sobreposta resistem às suas aplicações estruturais seguras.
- A deteção da fissura é muito difícil.
- À medida que o tamanho das microcápsulas aumenta, a resistência à tração do compósito diminui. Por isso, temos de aumentar a resistência à tração do compósito.
- Manter o tamanho optimizado das micro-cápsulas para que possam conter uma quantidade suficiente de agente de cura.
- A espessura do invólucro deve ser optimizada de modo a que seja fracturado ao longo do percurso da fenda e possa permitir a fuga do agente de cura.
- Aumento do rendimento das microcápsulas.
- Aumento da durabilidade da junta sobreposta adesiva epoxídica através do aumento da eficácia da auto-regeneração.
- O processo de síntese de microcápsulas deve ser rentável e deve ser um processo aplicável industrialmente.

2.8 Objetivo do estudo

A partir da pesquisa bibliográfica e depois de descobrir os principais problemas, o presente trabalho foi realizado com o objetivo de alcançar os seguintes objectivos

1. Preparação e síntese de microcápsulas à base de PMMA.
2. otimização dos parâmetros do processo para obter micro-cápsulas de tamanho uniforme.
3. caraterização morfológica das micro-cápsulas preparadas.

4. preparação e síntese de adesivos auto-regeneradores utilizando micro-cápsulas preparadas.
5. preparação de uma junta de cisalhamento com colas auto-regeneradoras.
6. Identificação do comportamento físico e mecânico dos adesivos auto-regeneráveis.
7. determinação da eficácia da cicatrização e identificação da fratura mecanismo envolvido.

CAPÍTULO 3
Trabalho experimental e metodologia
3.1 Materiais

O éter diglicidílico de bisfenol A (nome IUPAC 4,4'-Isopropilidenodifenol, produtos de reação oligomérica com 1-cloro-2,3-epoxipropano e nome de marca Lapox L12), resina epóxi (densidade de 1,20 g/cc) e trietilenotetramina (TETA, K6) (densidade: 0,95 g/cc), que actua como agente cicatrizante, foram adquiridos à Atul India Ltd. O material do invólucro da microcápsula foi o poli (metacrilato de metilo) (PMMA) (média M_w é 96.000), fornecido pela Sigma-Aldrich, EUA. Outros ingredientes para a preparação das microcápsulas são o diclorometano (DCM), o dodecil sulfato de sódio (SDS) e o álcool polivinílico (PVA), obtidos da Sigma-Aldrich, Alemanha. Não foi efectuada qualquer purificação adicional para todos os reagentes de grau analítico utilizados no presente estudo. Foi utilizada água desionizada de dupla destilação (aparelho de filtragem de água Millipore) para a preparação das soluções. O sistema adesivo epóxi, resina Araldite AW 106/Hardener HV 953U, fornecido pela Huntsman (Los Angeles, Califórnia, EUA) foi utilizado como material de base neste trabalho. A chapa de alumínio comercial extrudido (especificação ASTM SB-209 Grau 1100) fornecida pela Bharat Metal Industries (Mumbai, Índia) foi utilizada como substrato para a preparação de juntas sobrepostas simples à base de adesivo.

3.2 Técnica de evaporação de solventes

O processo de microencapsulação pela técnica de extração/evaporação de solventes (SET) consiste basicamente em quatro etapas principais, como se mostra na Fig. 3.1.

- Dissolução ou dispersão do material do núcleo num solvente orgânico, como clorofórmio ou diclorometano, contendo o material de formação da matriz. Com a mistura, os materiais poliméricos formadores da casca, como PMMA, PUF ou UF, também são misturados ao mesmo tempo.
- Emulsificação desta fase orgânica numa segunda fase contínua (frequentemente aquosa) imiscível com a primeira. A segunda fase contínua é designada por agente estabilizador ou emulsionante, como o poli(álcool vinílico) ou o dodecil sulfato de sódio (SDS). A mistura ou emulsificação é efectuada gota a gota sob condições de agitação contínua para formar pequenas gotículas de polímero contendo materiais encapsulados.
- Extração do solvente da fase dispersa e da fase contínua, que é opcionalmente acompanhada pela evaporação do solvente e pelo endurecimento consecutivo das gotículas para formar microcápsulas através da aplicação de temperatura ou da redução da pressão no sistema.
- Colheita e secagem das microesferas. As microcápsulas são filtradas da solução e lavadas várias vezes com água desionizada ou destilada, seguindo-se a secagem no vácuo ou à temperatura ambiente.

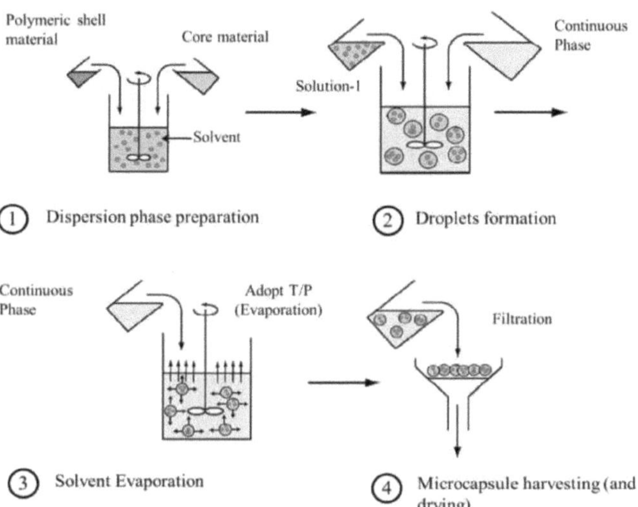

FIGURA 3.1 Descrição esquemática das quatro principais etapas do processo de preparação de microesferas por extração/evaporação com solvente. (Ref. [25])

3.3 Síntese de microcápsulas

O endurecedor contendo microcápsulas (HCM) e a resina epóxi contendo microcápsulas (ECM) são sintetizados pela técnica de evaporação de solventes, seguindo os quatro passos acima referidos. O endurecedor (TETA, K6) contendo microcápsulas é preparado com dois emulsionantes diferentes - poli(álcool vinílico) (PVA) e dodecil sulfato de sódio (SDS). Da mesma forma, a resina epóxi (Lapox L-12) contendo microcápsulas é sintetizada com dodecil sulfato de sódio (SDS), pois é um forte agente estabilizador em comparação com o PVA. O PMMA foi utilizado como material de revestimento das microcápsulas contendo endurecedor e resina epóxi, uma vez que é quimicamente estável com os materiais do núcleo, ou seja, TETA e DGEBA. Além disso, as microcápsulas à base de PMMA podem ser sintetizadas com sucesso através da técnica de evaporação de solventes.

3.3.1 Síntese de microcápsulas contendo endurecedor (HCM)

A síntese de microcápsulas contendo endurecedor (HCM) foi efectuada em quatro etapas diferentes, como se mostra na Fig. 3.2. Em primeiro lugar, foi preparada uma solução contendo 4 g de TETA e 1 g de PMMA numa fase dispersa (diclorometano) utilizando um agitador magnético num copo. Em segundo lugar, a solução resultante foi adicionada gota a gota a uma fase contínua contendo 50 ml de solução aquosa de PVA a 1% em peso e subsequentemente agitada a alta velocidade em condições atmosféricas normais, utilizando um agitador mecânico suspenso, como se mostra na Fig. 3.3, durante 30 minutos, de modo a obter uma emulsão óleo/água. Em terceiro lugar, a solução resultante foi novamente vertida em 150 ml de solução aquosa de PVA enquanto a agitação continuava. O HCM com soluções aquosas de PVA a 2% e 3% em peso foi preparado de forma semelhante.

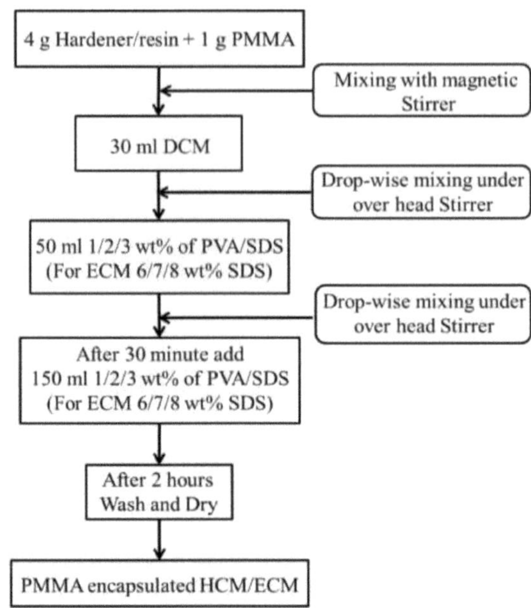

FIGURA 3.2: Fluxograma do encapsulamento por SET

TABELA 3.1 Parâmetros de processo diferentes para a síntese de HCM com PVA

Sl. Não.	Código de amostra	% de PVA	Temperatura	Velocidade de agitação
1	HCM-1	1 wt%	40 C°	400 rpm
2	HCM-2	1 wt%	40 C°	450 rpm
3	HCM-3	1 wt%	40 C°	500 rpm
4	HCM-4	2 wt%	40 C°	400 rpm
5	HCM-5	2 wt%	40 C°	450 rpm
6	HCM-6	2 wt%	40 C°	500 rpm
7	HCM-7	3 em peso	40 C°	400 rpm

8	HCM-8	3 em peso	40 C°	450 rpm
9	HCM-9	3 em peso	40 C°	500 rpm

Foram adoptadas três velocidades de agitação diferentes, a saber, 400, 450 e 500 rpm para cada variação da concentração de PVA na solução. Em todos os casos, permitiu-se que a fase dispersa evaporasse completamente durante a reação a 40° C. O passo final foi a lavagem do HCM com água destilada dupla várias vezes e a secagem à temperatura ambiente durante 24 horas. Os diferentes parâmetros do processo são apresentados na Tabela 3.1.

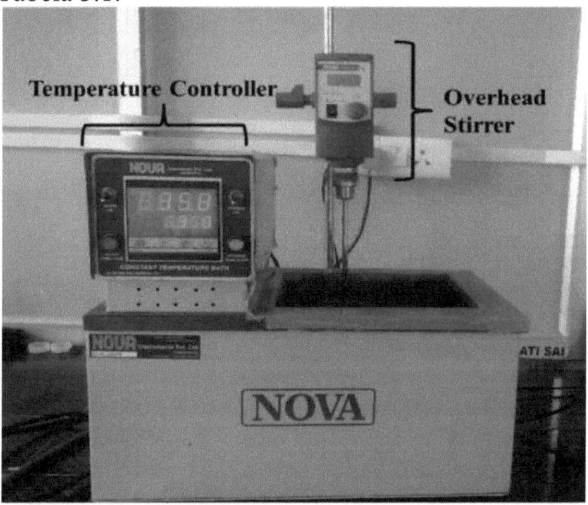

FIGURA 3.3 Banho de água quente com agitador de cabeça

Da mesma forma, as microcápsulas contendo endurecedor (HCM) também são sintetizadas pela técnica de evaporação de solvente com SDS como emulsionante, seguindo os mesmos passos mencionados acima. Os diferentes parâmetros do processo são apresentados na Tabela 3.2.

TABELA 3.2 Parâmetros diferentes do processo de síntese de HCM com SDS

Sl. Não.	Código de amostra	% de SDS	Temperatura	Velocidade de agitação
1	HCM-10	1 wt%	40 C°	400 rpm
2	HCM-11	1 wt%	40 C°	450 rpm

3	HCM-12	1 wt%	40 C°	500 rpm
4	HCM-13	2 wt%	40 C°	400 rpm
5	HCM-14	2 wt%	40 C°	450 rpm
6	HCM-15	2 wt%	40 C°	500 rpm
7	HCM-16	3 em peso	40 C°	400 rpm
8	HCM-17	3 em peso	40 C°	450 rpm
9	HCM-18	3 em peso	40 C°	500 rpm

3.3.2 Síntese de microcápsulas contendo epóxi-resina (ECM)

Como a viscosidade da resina epóxida é superior à do endurecedor, é necessário um agente estabilizador forte para sintetizar a ECM. Assim, para a síntese da resina epoxídica (Lapox L-12) contendo microcápsulas (ECM), foi utilizado SDS como emulsionante, uma vez que é mais forte do que o PVA. Foram adoptados passos semelhantes com 2 g de éter diglicidílico de bisfenol A (DGEBA) e 1 g de PMMA para preparar microcápsulas contendo epóxi (ECM). A fase contínua neste caso foi 6 wt% de 50 ml de solução aquosa de SDS.

TABELA 3.3 Diferentes parâmetros do processo de síntese de ECM

Sl. Não.	Código de amostra	% de SDS	Temperatura	Velocidade de agitação
1	ECM-1	6% em peso	35 C°	400 rpm
2	ECM-2	6% em peso	35 C°	450 rpm

3	ECM-3	6% em peso	35 C°	500 rpm
4	ECM-4	7% em peso	35 C°	400 rpm
5	ECM-5	7% em peso	35 C°	450 rpm
6	ECM-6	7% em peso	35 C°	500 rpm
7	ECM-7	8% em peso	35 C°	400 rpm
8	ECM-8	8% em peso	35 C°	450 rpm
9	ECM-9	8% em peso	35 C°	500 rpm

A emulsão óleo-água foi feita deitando a solução resultante de DGEBA, PMMA e SDS numa solução aquosa de SDS de 150 ml. A ECM com soluções aquosas de SDS a 7% e 8% em peso foi preparada de forma semelhante. Em todos os casos, permitiu-se que a fase dispersa evaporasse completamente, submetendo a reação a 35° C. Relatórios anteriores mostraram a formação de microcápsulas não aglomeradas a uma concentração mais baixa de SDS
1.1]. Mas, no presente estudo, verificou-se que uma concentração mais elevada de SDS tem um efeito responsável na síntese de resina não aglomerada contendo microcápsulas. Foram adoptadas três velocidades de agitação diferentes, a saber, 400, 450 e 500 rpm para cada variante da concentração de SDS na solução. Posteriormente, foram lavadas e secas seguindo o mesmo procedimento descrito para o HCM. Os diferentes parâmetros do processo são apresentados na Tabela 3.3.

3.4 Preparação de adesivos epóxi induzidos por microcápsulas duplas auto-regenerantes (SHDME)

Para a preparação de adesivos epóxi induzidos por microcápsulas duplas auto-regenerativas (SHDME), os HCM preparados com PVA e ECM foram misturados na proporção em peso de 1:1 e representados, uma vez que esta proporção dá a melhor proporção estequiométrica para uma eficiência máxima de auto-regeneração. As listas de diferentes amostras de compostos adesivos com descrição são apresentadas na Tabela 3.4. A mistura resultante de HCM e ECM assim obtida foi adicionada a uma concentração variável de 5wt%, 7,5wt% e 10wt%, respetivamente, ao adesivo epóxi e agitada mecanicamente durante 10 minutos a 1200 rpm para conseguir a sua distribuição homogénea na matriz de resina epóxi. Posteriormente, foi adicionada uma quantidade estequiométrica de endurecedor (80% em peso da resina epóxi) à microcápsula dupla auto-regenerativa contendo resina epóxi e agitada mecanicamente a 1200 rpm durante 5 minutos. Posteriormente, toda a mistura foi mantida sob vácuo a uma pressão de vácuo de 1,33x10-3 a 1,33x10-4 bar a uma temperatura ambiente de cerca de 25-300 C durante 30 minutos para remover as bolhas de gás aprisionadas na mistura. Após a desgaseificação, uma pequena quantidade da mistura foi vertida no molde de borracha de silicone e curada durante cerca de 16 horas a 40^0 C num forno de ar quente. Os compósitos adesivos SHDME curados foram retirados do molde de borracha de silicone para preparar as amostras para caraterização. A quantidade remanescente foi utilizada para preparar juntas simples de folhas de alumínio, tal como descrito nas secções seguintes. As colas de epóxi puro (NE) foram preparadas seguindo o mesmo procedimento, mas sem induzir microcápsulas.

QUADRO 3.4 Listas de amostras de compósitos adesivos com o respetivo código

Sl. Não	Código de amostra	Descrição
1	NE	Epóxi puro
2	SHDME-5 (PVA)	5 wt% Microcápsula dupla (preparada com PVA como emulsionante)
3	SHDME-7.5 (PVA)	7,5 wt% Microcápsula dupla (preparada com PVA como emulsionante)
4	SHDME-10 (PVA)	10 wt% Microcápsula dupla (preparada com PVA como emulsionante)
5	SHDME-5 (FDS)	5 wt% Microcápsula dupla (preparada com SDS como emulsionante)
6	SHDME-7.5 (SDS)	7,5 wt% Microcápsula dupla (preparada com SDS como emulsionante)
7	SHDME-10 (FDS)	10 wt% Microcápsula dupla (preparada com SDS como emulsionante)

3.5 Preparação de juntas de sobreposição simples

Antes da preparação das juntas de sobreposição simples adesivas NE e SHDME, a superfície do substrato de alumínio foi polida mecanicamente, esfregando-a com papel de esmeril de grau 400, de modo a remover a contaminação da superfície devido à presença de uma camada de óxido em excesso e a garantir fisicamente uma superfície plana com um melhor encaixe mecânico. A superfície mecanicamente lixada foi limpa com papel absorvente sem fibras embebido em acetona durante duas a três vezes para remover qualquer sujidade ou gordura aderente à superfície. A seleção deste tipo de papel de esmeril para a fricção mecânica do substrato foi feita de acordo com uma observação anterior relativa à resistência óptima da junta adesiva **[8]**. A Fig. 3.4 mostra uma imagem FESEM típica da superfície do substrato de alumínio polida mecanicamente e praticamente sem óxidos.

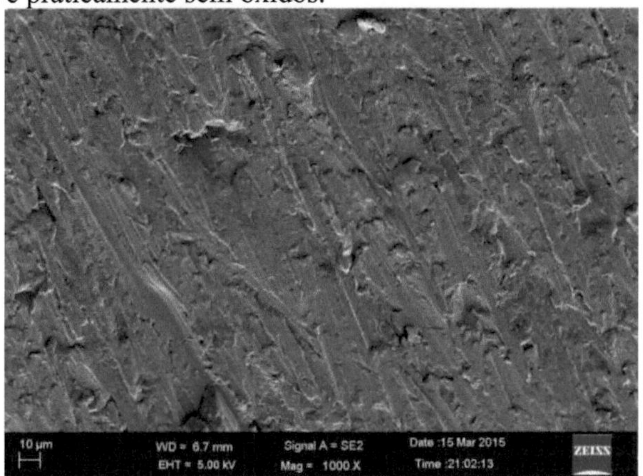

FIGURA 3.4 Imagem FESEM da superfície mecanicamente desgastada de um substrato de alumínio

As juntas de corte sobrepostas foram preparadas de acordo com a norma ASTM D1002, aplicando as colas NE e SHDME no substrato de alumínio processado, utilizando uma espátula. A Fig. 3.5 mostra o diagrama esquemático do espécime de junta sobreposta simples com dimensões de acordo com a norma.

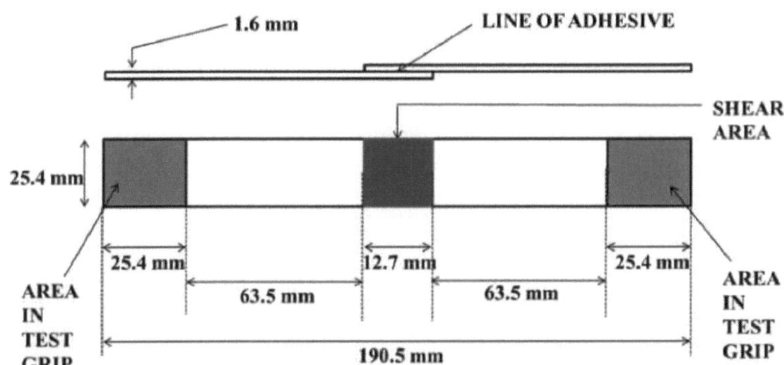

FIGURA 3.5 Diagrama esquemático da dimensão de uma junta sobreposta simples, de acordo com a norma ASTM D1002

Uma camada uniforme de NE, SHDME-5 (adesivo epoxídico duplo induzido por microcápsulas a 5% em peso), SHDME-7,5 (adesivo epoxídico duplo induzido por microcápsulas a 7,5% em peso) e SHDME-10 (adesivo epoxídico duplo induzido por microcápsulas a 10% em peso) com uma espessura de

A quantidade de cola em excesso foi limpa dos bordos da junta para reduzir o efeito dos filetes de saliva nos cantos das juntas. As amostras resultantes da junta de cola NE e SHDME foram colocadas num forno de ar quente durante 16 horas a 40^0 C com um suporte de nivelamento apropriado, sem aplicação de qualquer carga externa, para cura.

FIGURA 3.6 Microcápsulas de HCM e ECM e o espécime de junta sobreposta adesiva SHDME

O mesmo processo foi repetido para a preparação de juntas sobrepostas de adesivos epoxídicos induzidos por microcápsulas duplas auto-regenerantes (SHDME) preparados com a mistura de HCM e ECM sintetizados com SDS como emulsionante numa proporção de peso de 1:1 e representados como sistema SDS. A Fig. 3.6 mostra diferentes amostras de juntas sobrepostas com variação da percentagem em peso de microcápsulas duplas.

3.6 Caracterização física

A morfologia da superfície, o tamanho médio, a distribuição do tamanho da HCM e da ECM à base de PMMA e o comportamento de fratura das juntas de colagem por lapidação NE e SHDME foram realizados no microscópio eletrónico de varrimento de emissão de campo (Supra55) a uma tensão de aceleração de 5 kV com diferentes ampliações. O tamanho médio da HCM e da ECM foi determinado pelo software image J. Foram consideradas mais de 5 imagens FESEM de ambas as microcápsulas para determinar a distribuição do tamanho médio. O EDS foi efectuado para confirmar o nível de pureza das microcápsulas sintetizadas através da técnica de evaporação de solventes. Os espectros de infravermelhos por transformada de Fourier (FTIR) dos sistemas adesivos HCM e ECM, bem como NE e SHDME, foram registados no equipamento PerkinElmer Spectrum 100 series para identificar os grupos funcionais presentes e a arquitetura molecular. As amostras foram moídas até à forma de pó fino e transformadas em paletas em forma de disco com brometo de potássio em pó para estudos FT-IR.

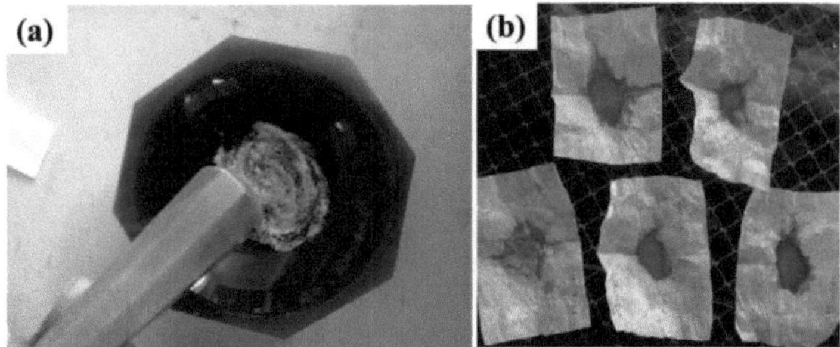

FIGURA 3.7 (a) Trituração das microcápsulas com almofariz e pilão e (b) Lavagem das microcápsulas trituradas com metanol

O teor de núcleo da HCM e da ECM foi determinado pelo método de extração por solventes, utilizando metanol como solvente de extração. As microcápsulas foram trituradas e esmagadas com um almofariz e um pilão a 130^0 C e, em seguida, lavadas com o solvente de extração, ou seja, metanol, num papel de filtro durante várias vezes, como se mostra na Fig. 3.7, e depois secas à temperatura ambiente. Conhecendo o peso inicial das microcápsulas (Wi) e o peso final dos materiais residuais da parede da casca (Ws), o conteúdo da parede da casca ($Wshell$) e o conteúdo do núcleo ($Wcore$) das microcápsulas foram calculados utilizando as equações 1 e 2, respetivamente.

$$W_{shell} = \frac{Ws}{Wi} \times 100\% \qquad (3.1)$$

$$W_{core} = (1 - \frac{Ws}{Wi}) \times 100\% \qquad (3.2)$$

A análise termogravimétrica (TGA) do endurecedor, do PMMA e da resina epóxi, bem como do HCM e do ECM, foi efectuada para determinar a sua estabilidade térmica através de um analisador térmico (NETZSCH, SBA 458 Nemesis), utilizando a alumina como material de referência.

Os parâmetros experimentais incluem uma taxa de aquecimento de 10^0 C/min. e uma gama de temperaturas de funcionamento desde a temperatura ambiente até 550^0 C, na presença de gás de purga de azoto com um caudal de 200 ml/min. Os dados apresentados neste documento são uma média de 3 medições com amostras de diferentes lotes.

3.6.1 Microscópio eletrónico de varrimento por emissão de campo (FESEM)

No presente estudo, a morfologia das microcápsulas, a morfologia da superfície e a morfologia da superfície de fratura das juntas adesivas SHDME foram caracterizadas por microscopia eletrónica de varrimento de emissão de campo (FESEM) (ZEISS-Supra55) a uma tensão de aceleração de 5 kV com diferentes ampliações. Observou-se que a imagem obtida pelo FESEM é de um alcance micrométrico. Este é um dos instrumentos mais utilizados nos laboratórios de investigação de materiais. Nesta técnica, são utilizados electrões em vez de ondas de luz para ver a microestrutura da superfície de uma amostra. No entanto, como os electrões são excitados a alta energia (Kev), os comprimentos de onda das ondas de electrões são bastante elevados. As lentes electromagnéticas utilizadas não fazem parte do sistema de formação de imagem, mas apenas ajudam a focar o feixe de electrões na superfície da amostra. Isto proporciona duas grandes vantagens: a amplitude de ampliação e a profundidade de campo da imagem, fornecendo informações tridimensionais da imagem

Princípio de funcionamento do FESEM

A instalação experimental é constituída por um canhão de electrões, uma coluna, um sistema de varrimento, um substrato, câmaras e detectores, como se mostra na Fig. 3.8.

Pistola de electrões

Baseia-se na emissão térmica. A fonte de electrões é normalmente uma ponta de tungsténio (W) ou de hexaboreto de lantânio (LaB_6). Os electrões são emitidos durante o aquecimento.

Coluna

A coluna é constituída por duas lentes electromagnéticas que actuam sobre o feixe de electrões. A primeira lente, chamada lente condensadora, produz a maior parte da desmagnetização do feixe, enquanto a segunda, a lente objetiva, foca o feixe na amostra. Na coluna, um modelador de feixe, chamado estigmador, pode criar um campo magnético à volta do feixe para o repor numa secção transversal circular.

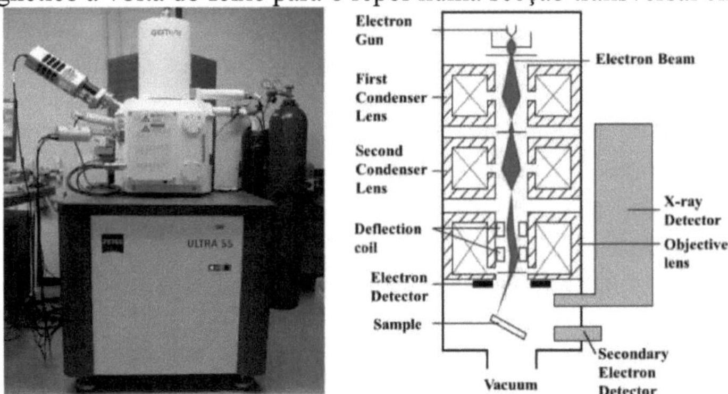

FIGURA 3.8 Instalação do FESEM e seu princípio de funcionamento (Ref. [38])

Sistema de digitalização

Para obter uma imagem no ecrã, o feixe deve ser varrido sobre a amostra e o tubo de visualização. A informação de qualquer ponto da amostra pode ser reproduzida na mesma posição relativa no ecrã.

Câmara de substrato

A câmara do substrato depende das diferentes dimensões da amostra. A amostra pode ser movida em três dimensões, bem como rodada e inclinada.

Detetor

Os tipos de detectores mais utilizados para os electrões secundários são os detectores de cintilação. Pode ser utilizado para os electrões primários. Espectrómetros de deteção e análise de raios X (WDX); determinam o comprimento de onda dos raios X e, em segundo lugar, os raios X dispersivos de energia (EDX); determinam a energia dos raios X.

Num FESEM típico, os electrões são emitidos termionicamente a partir de um cátodo de tungsténio ou de hexaboreto de lantânio (LaB_6) e são acelerados em direção a um ânodo; em alternativa, os electrões podem ser emitidos através de emissão de campo (FE). O tungsténio é utilizado porque tem o ponto de fusão mais elevado e a pressão de vapor mais baixa de todos os metais, permitindo assim o seu aquecimento para a emissão de electrões. O feixe de electrões, que tem normalmente uma energia que varia entre algumas centenas de eV e 100 keV, é focado por uma ou duas lentes de condensador num feixe com um ponto focal muito fino de 1 nm a 5 nm. O feixe passa através de pares de bobinas de varrimento na lente objetiva, que desviam o feixe horizontal e verticalmente, de modo a que este percorra mais rapidamente uma área retangular da superfície da amostra.

Quando os feixes de electrões primários interagem com a amostra, os electrões perdem energia por dispersão e absorção repetidas dentro de um volume em forma de lágrima da amostra conhecido como volume de interação, que se estende de menos de 100 nm a 5 pm na superfície. A dimensão do volume de interação depende da tensão de aceleração do feixe, do número atómico da amostra e da densidade da amostra.

3.6.2 Espectroscopia de dispersão de energia (EDS)

No presente estudo, os níveis primários das microcápsulas de HCM e ECM após a síntese foram caracterizados por espetroscopia de dispersão de energia (EDS), ZEISS, Calcutá. As condições paramétricas consideradas foram as mesmas que as do FESEM, uma vez que faz parte do conjunto de ferramentas avançadas do FESEM, como se mostra na Fig. 3.8. O EDS é uma técnica analítica utilizada para a análise elementar ou a caraterização química de uma amostra. Baseia-se na investigação da amostra através de interacções entre a radiação electromagnética e a matéria, analisando os raios X emitidos pela matéria em resposta ao impacto de partículas carregadas. As suas capacidades de caraterização devem-se, em grande parte, ao princípio fundamental de que cada elemento tem uma estrutura atómica única, permitindo que os raios X característicos da estrutura atómica de um elemento sejam identificados de forma única entre si. Para estimar a emissão de raios X característicos de uma amostra, um feixe de alta energia de partículas carregadas, como electrões ou protões (ver PIXE), ou um feixe de raios X é focado na amostra em estudo. Em repouso, um átomo dentro da amostra contém electrões no estado fundamental (ou não excitados) em níveis de energia discretos ou cascas de electrões ligadas ao núcleo. O feixe incidente pode excitar um eletrão numa camada interna, ejectando-o da camada e criando um buraco eletrónico no local onde o eletrão se encontrava. Um eletrão da camada exterior de energia mais elevada preenche então o buraco e a diferença de energia entre a camada de energia mais elevada e a camada de energia mais baixa pode ser libertada sob a forma de um raio X. O número e a energia dos raios X emitidos por uma amostra podem ser medidos por um espetrómetro de dispersão de energia. Uma vez que a energia dos raios X é caraterística da diferença de energia entre as duas camadas e a estrutura atómica do elemento a partir do qual foram emitidos, é possível medir a composição elementar da amostra e, finalmente, determinar o grau de pureza da mesma.

3.6.3 Espectroscopia de infravermelhos com transformada de Fourier (FTIR)

A espetroscopia de transformada de Fourier é uma técnica de medição em que os espectros são recolhidos com base em medições da coerência de uma fonte radioactiva, utilizando medições no domínio do tempo ou no domínio do espaço da radiação electromagnética ou de outro tipo de radiação. No FTIR é utilizado um interferómetro. O interferómetro é capaz de medir rapidamente todas as frequências de infravermelhos em alguns segundos. Em geral, utiliza-se um divisor de feixe em conjunto com o interferómetro (como se mostra na Fig. 3.9). O divisor de feixe divide o feixe de infravermelhos incidente em dois feixes. Enquanto um dos feixes mantém um comprimento de trajetória fixo, é introduzida uma diferença de trajetória no outro feixe.

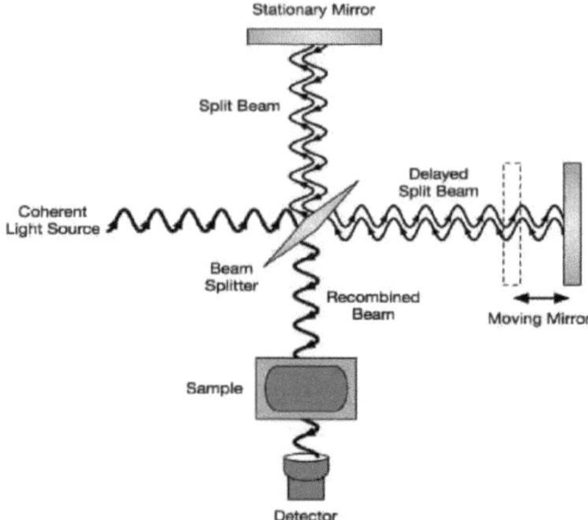

FIGURA 3.9 Princípio de funcionamento do FTIR (Ref. [38])

A diferença de trajetória introduzida é uma função da posição do espelho móvel. Os dois feixes interferem um com o outro e o sinal resultante que sai do interferómetro é conhecido como interferograma. O interferograma contém toda a informação de cada um dos sinais que saem da fonte. No entanto, o interferograma não pode ser utilizado diretamente para interpretações. É necessário um processo de descodificação para extrair informação das frequências individuais. Isto é feito através de uma técnica matemática bem desenvolvida chamada transformação de Fourier, que é realizada por um computador utilizado com o instrumento. Eventualmente, obtém-se uma visualização espetral de todas as frequências.

3.6.4 Análise Termo-Gravimétrica (TGA)

A análise termogravimétrica ou análise gravimétrica térmica (TGA) é um método de análise térmica em que as alterações das propriedades físicas e químicas dos materiais são medidas em função do aumento da temperatura (com uma taxa de aquecimento constante) ou em função do tempo (com temperatura constante e/ou perda de massa constante). A TGA pode fornecer informações sobre fenómenos físicos, tais como transições de fase de segunda ordem, incluindo vaporização, sublimação, absorção, adsorção e dessorção. Do mesmo modo, a TGA pode fornecer informações sobre fenómenos químicos, incluindo quimisorções, dessolvatação (especialmente desidratação), decomposição e reacções sólido-gás (por exemplo, oxidação ou redução). A Fig. 3.10 mostra a configuração do instrumento TGA da Netzsch.

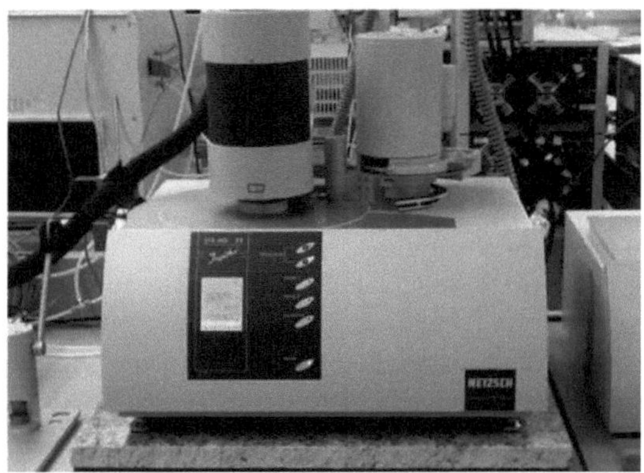

FIGURA 3.10: Configuração do instrumento TGA

A TGA é normalmente utilizada para determinar características seleccionadas de materiais que apresentam perda ou ganho de massa devido à decomposição, oxidação ou perda de voláteis (como a humidade). As aplicações comuns da TGA são

- Caracterização de materiais através da análise de padrões de decomposição característicos.
- Estudos de mecanismos de degradação e cinética de reação.
- Determinação do teor orgânico de uma amostra.
- Determinação do conteúdo inorgânico (por exemplo, cinzas) numa amostra, que pode ser útil para corroborar as estruturas previstas do material ou simplesmente utilizada como análise química. É uma técnica especialmente útil para o estudo de materiais poliméricos, incluindo termoplásticos, termoendurecíveis, elastómeros, compósitos, películas plásticas, fibras, revestimentos e tintas. A análise do aparelho de TGA, dos métodos e da análise de traços será desenvolvida mais adiante. A estabilidade térmica, a oxidação e a combustão, que são possíveis interpretações dos traços de TGA, também serão discutidas.

Princípio de funcionamento

A análise TGA é efectuada através do aumento gradual da temperatura de uma amostra num forno, enquanto o seu peso é medido numa balança analítica que permanece fora do forno. Na TGA, a perda de massa é observada se um evento térmico envolver a perda de um componente volátil. As reacções químicas, como a combustão, envolvem perdas de massa, enquanto que as alterações físicas, como a fusão, não. O peso da amostra é traçado em função da temperatura ou do tempo para ilustrar as transições térmicas no material - como a perda de solventes e plastificantes em polímeros, água de hidratação em materiais inorgânicos e, finalmente, a decomposição do material.

3.7 Caracterização mecânica

A resistência ao cisalhamento por sobreposição dos espécimes da junta de sobreposição adesiva NE e SHDME foi determinada de acordo com a norma ASTM D1002 numa máquina de tração universal computorizada (INSTRON, Modelo 8801) a uma velocidade de cruzamento de 1 mm/min. Os dados de carga-deslocamento dos espécimes de teste foram utilizados para determinar a resistência ao cisalhamento e a energia de rutura absorvida ou a tenacidade das juntas sobrepostas. Os resultados apresentados são uma média de, pelo menos, quatro medições com desvio padrão. A avaliação da eficiência de cura para juntas sobrepostas com adesivo SHDME foi efectuada em duas etapas. Primeiro, os respectivos espécimes de juntas sobrepostas foram carregados até 60% da sua carga de fratura e depois descarregados. Isto foi feito para gerar fissuras internas nas juntas. Em segundo lugar, os espécimes de juntas sobrepostas geradas por fissuras foram curados a 40^0 C durante 4 horas, seguidas de cura à temperatura ambiente durante 16 horas. Após a conclusão do ciclo de cicatrização, os espécimes de juntas sobrepostas foram novamente testados para determinar a eficiência de cicatrização de fendas "n", que é definida como a capacidade de cicatrização de juntas sobrepostas na presença de fendas em relação aos espécimes de juntas sobrepostas virgens. A eficiência de cicatrização foi calculada a partir da seguinte fórmula matemática

$$\eta = \frac{P_{Healed}}{P_{Virgin}} \qquad (3.3)$$

Onde P_{Healed} é a carga crítica à fratura do provete curado e P_{Virgin} é a carga crítica à fratura do provete virgem.

CAPÍTULO 4
Resultados e discussão

4.1 Introdução

As microcápsulas com endurecedor (HCM) e as microcápsulas com resina epóxi (ECM) foram sintetizadas através da técnica de evaporação de solventes (SET), tal como descrito no capítulo anterior. Em ambos os casos, foi utilizado PMMA como material de revestimento, uma vez que é um bom agente de encapsulamento para HCM e ECM. O efeito de diferentes parâmetros do processo, tais como a velocidade de agitação, a concentração de emulsionante, os tipos de emulsionante e a relação entre o peso do núcleo e da casca no tamanho das microcápsulas, na morfologia da superfície, na distribuição do tamanho, no conteúdo do núcleo e na espessura da parede da casca foi investigado utilizando o microscópio ótico (MO), a microscopia eletrónica de varrimento de emissão de campo (FESEM), a espetroscopia de dispersão de energia (EDS), a espetroscopia de infravermelhos com transformada de Fourier (FTIR), o método de extração de solventes e a análise gravimétrica térmica (TGA).

4.2 Estudo morfológico de endurecedor contendo microcápsulas

O endurecedor ou agente de cura que tem sido utilizado é a trietilenotetramina (TETA). A sua viscosidade é relativamente baixa, o que a torna muito adequada para ser utilizada como material de núcleo de microcápsulas auto-regeneradoras. O estudo morfológico das microcápsulas foi efectuado por Microscópio Ótico (MO) e Microscópio Eletrónico de Varrimento de Emissão de Campo (FESEM). As microcápsulas contendo endurecedor são preparadas com dois emulsionantes diferentes - PVA e SDS.

4.2.1 Morfologia de microcápsulas contendo endurecedor preparadas com PVA

Como estamos a considerar o conceito de auto-regeneração através da incorporação de microcápsulas de dois componentes de HCM e ECM no adesivo epóxi, as microcápsulas preparadas devem ter propriedades físicas, geometria e distribuição de tamanho semelhantes para promover a sua distribuição uniforme nos compósitos adesivos epóxi e a rutura aleatória no percurso da fissura dentro da matriz. A estabilização de uma emulsão desempenha um papel vital na síntese de microcápsulas. As HCM preparadas com PVA como emulsionante, a variação do tamanho médio das HCM com a alteração da concentração de emulsionante de 1 a 3wt% de PVA é mostrada na Fig. 4.1. O PVA pode fornecer a estabilidade estrutural necessária para evitar a agregação das gotículas emulsionadas em solução.

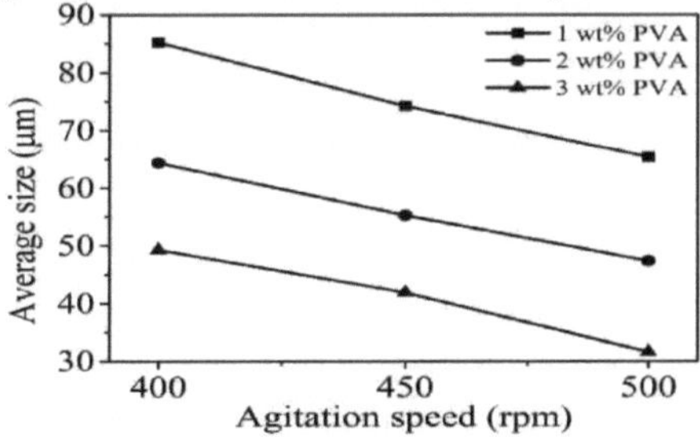

FIGURA 4.1 Efeito da velocidade de agitação e da concentração do emulsionante no tamanho médio do HCM

Observa-se uma imagem clara da redução gradual do tamanho médio de ambos os HCM, não só com o aumento da velocidade de agitação de 400 para 500 rpm, mas também com o aumento da concentração de emulsionante. A imagem microscópica ótica do HCM preparado com velocidade de agitação de 400 rpm, 450 rpm e 500 rpm é mostrada nas Figs. 4.2 (a), (b) e (c) respetivamente. Os resultados também mostraram que a combinação de uma maior velocidade de agitação com uma maior concentração de emulsionante produziu uma distribuição de tamanhos estreita, como se pode ver na Fig. 4.3. As distribuições de tamanho das microcápsulas foram medidas alterando as velocidades de agitação, mantendo todos os outros factores constantes.

O tamanho médio mais baixo das microcápsulas é de 31,619 ± 5 pm. A uma velocidade de agitação baixa, pode ter ocorrido uma distribuição de tamanho mais alargada devido à variação do fluxo de fluido à volta do impulsor e à distância do impulsor. O tamanho das gotículas de óleo na emulsão torna-se mais pequeno com o aumento da concentração de PVA. Isto deve-se à adsorção do emulsionante (PVA) nas interfaces das gotículas de óleo, reduzindo a tensão superficial da água. Entretanto, a força de cisalhamento aumenta com o aumento da viscosidade da emulsão, o que contribui para a redução do tamanho e o estreitamento da distribuição do tamanho.

À medida que a velocidade de agitação aumenta, a força de cisalhamento no fluido aumenta e o tamanho das microcápsulas diminui com uma distribuição de tamanho mais estreita. Além disso, uma vez que o emulsionante também actua como agente estabilizador, uma concentração mais elevada, juntamente com forças de cisalhamento mais elevadas na solução, torna as microgotas formadas (endurecedor/resina) mais estáveis para se manterem desaglomeradas durante a sintetização.

A imagem FESEM de baixa ampliação das microcápsulas e a imagem FESEM de alta ampliação da superfície da HCM são mostradas na Fig. 4.4 (a) e (b). No entanto, observa-se na HCM uma rugosidade uniforme da superfície com a presença de nanofissuras na superfície exterior. O aumento da rugosidade da superfície das microcápsulas pode resultar numa melhor interação, na presença de fissuras, com a matriz para libertar o agente cicatrizante.

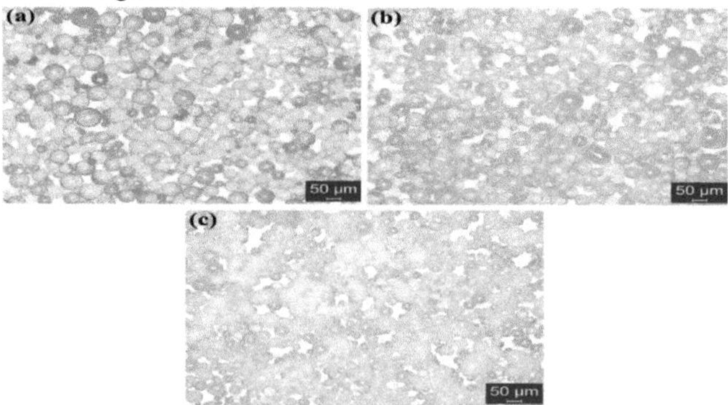

FIGURA 4.2 Imagens OMA de microcápsulas de HCM preparadas a (a) 400 rpm (b) 500 rpm e (c) 500 rpm

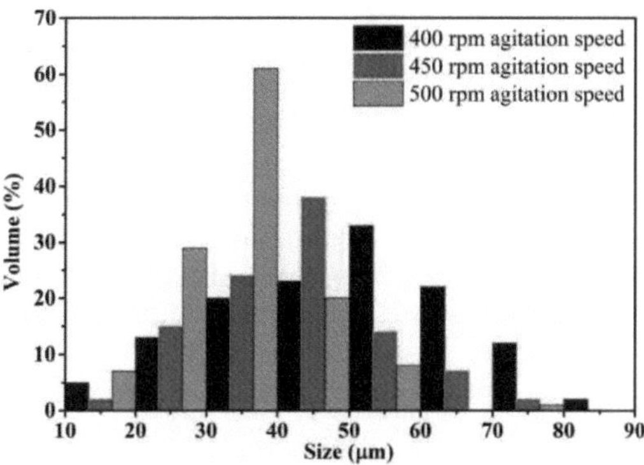

FIGURA 4.3 Variação da distribuição de tamanhos com a velocidade de agitação

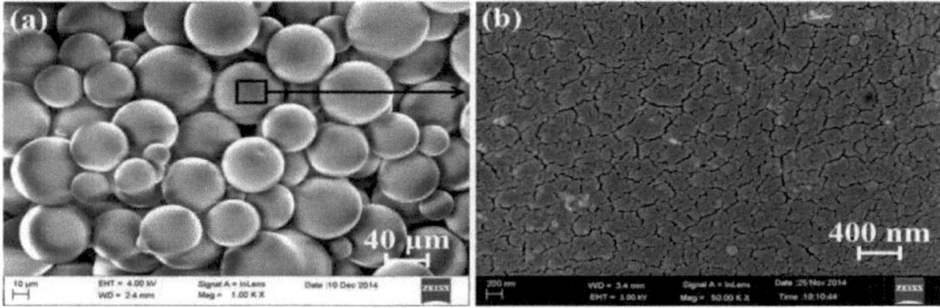

FIGURA 4.4 Imagens FESEM de (a) morfologia da cápsula e (b) morfologia da superfície

4.2.2 Morfologia de microcápsulas contendo endurecedor preparadas com SDS

No caso do endurecedor que contém microcápsulas preparadas com SDS, a variação do tamanho médio com a alteração da concentração do emulsionante de 1 para 3wt% de SDS é mostrada na Fig. 4.5. No caso do HCM preparado com SDS, também se observou o mesmo fenómeno. Com o aumento da velocidade de agitação de 400 para 500, o tamanho médio das microcápsulas diminui. O tamanho médio das microcápsulas também diminui com o aumento da concentração do emulsionante.

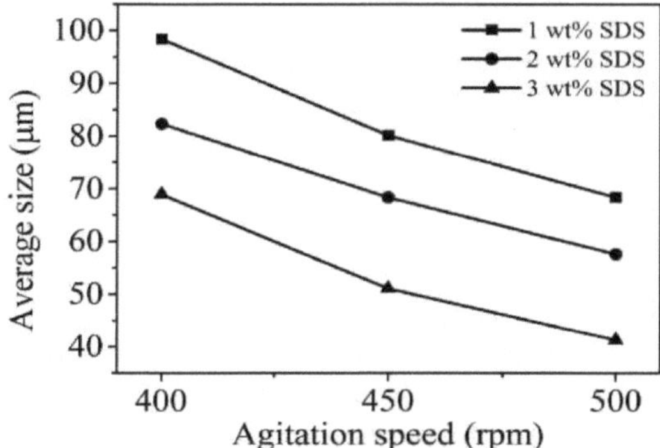

FIGURA 4.5 Efeito da velocidade de agitação e da concentração de emulsionante no tamanho médio do HCM

O tamanho médio mais baixo das microcápsulas é observado como 41,254±4,11 ^m. A uma velocidade de agitação baixa, pode ter ocorrido uma distribuição de tamanho mais alargada devido à variação do fluxo de fluido à volta do impulsor e à distância do impulsor. O tamanho das gotículas de óleo na emulsão torna-se mais pequeno com o aumento da concentração de SDS. Entretanto, a força de cisalhamento aumenta com o aumento da viscosidade da emulsão, o que contribui para a redução do tamanho e para o estreitamento da distribuição do tamanho.

À medida que a velocidade de agitação aumenta, a força de cisalhamento no fluido aumenta e o tamanho das microcápsulas diminui com uma distribuição de tamanho mais estreita. Além disso, uma vez que o emulsionante também actua como agente estabilizador, uma concentração mais elevada, juntamente com forças de cisalhamento mais elevadas na solução, torna as microgotas formadas (endurecedor/resina) mais estáveis para se manterem desaglomeradas durante a sintetização.

A imagem FESEM do HCM preparado com velocidade de agitação de 400 rpm, 450 rpm e 500 rpm é mostrada nas Figs. 4.6 (a), (b) e (c) respetivamente. Os resultados também mostraram que a combinação de uma velocidade de agitação mais elevada com uma concentração de emulsionante mais elevada produziu uma distribuição de tamanhos estreita, como se pode ver na Fig. 4.7. O tamanho médio das microcápsulas a 400, 450 e 500 rpm com 3 wt% de SDS é de 68,32±5 ^m, 57,56±4,35 ^m e 41,254±4,11 ^m, respetivamente. Isto significa que o tamanho médio mais baixo do HCM com SDS como emulsionante é 41,254±4,11 ^m.

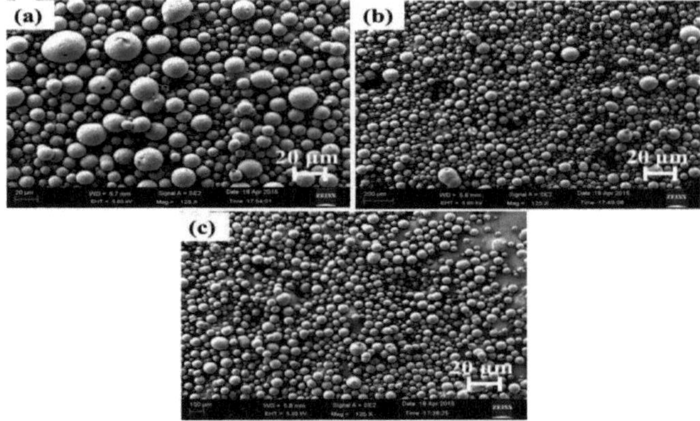

FIGURA 4.6 Imagens FESEM de microcápsulas de HCM preparadas a (a) 400 rpm, (b) 450 rpm e (c) 500 rpm

No caso do HCM preparado com SDS também pode ter acontecido o mesmo fenómeno. A uma velocidade de agitação baixa, pode ter ocorrido uma distribuição de tamanho mais ampla devido à variação do fluxo de fluido à volta do impulsor e à distância do impulsor. medida que a velocidade de agitação aumenta, a força de cisalhamento no fluido aumenta e o tamanho das microcápsulas diminui com uma distribuição de tamanho mais estreita.

Além disso, uma vez que o emulsionante também actua como agente estabilizador, uma concentração mais elevada, juntamente com forças de cisalhamento mais elevadas na solução, torna as microgotículas formadas (endurecedor/resina) mais estáveis para permanecerem desaglomeradas durante a sintetização. A imagem FESEM de baixa ampliação das microcápsulas e a imagem FESEM de alta ampliação da morfologia da superfície do HCM são mostradas nas Figs. 4.8 (a) e (b), respetivamente.

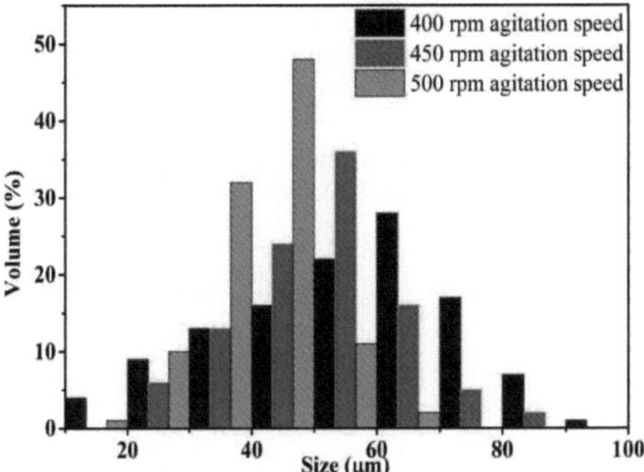

FIGURA 4.7 Variação da distribuição de tamanhos com a velocidade de agitação

Observa-se que a morfologia da superfície da HCM preparada com SDS é suficientemente rugosa em comparação com a HCM preparada com PVA, uma vez que a viscosidade do PVA é superior à do SDS. Além disso, observa-se alguma estrutura porosa em alguns locais das microcápsulas. Isto deve-se ao facto de, à medida que a velocidade de agitação aumenta, algumas bolhas de ar ficarem presas na solução, que rebentam na superfície das microcápsulas, dando origem à estrutura porosa na superfície das microcápsulas.

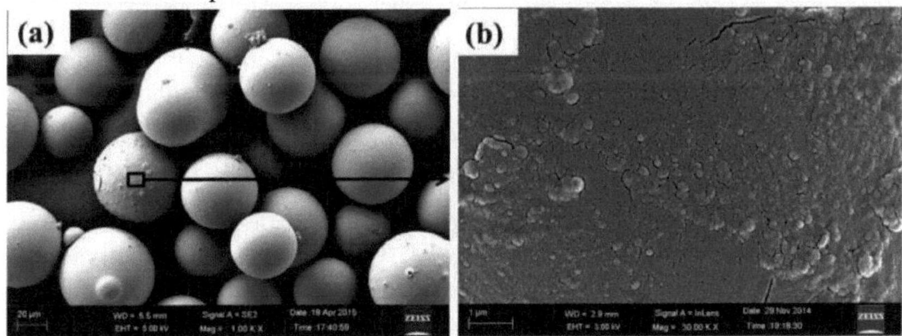

FIGURA 4.8 Imagens FESEM de (a) morfologia da cápsula e (b) morfologia da superfície

A diferença na morfologia da superfície em ambas as microcápsulas contendo endurecedor preparado com PVA e SDS também pode ser devida à diferença de afinidade dos emulsionantes.

4.3 Estudo morfológico de microcápsulas contendo resina epóxi

As microcápsulas contendo epóxi (ECM) também foram preparadas pela técnica de evaporação de solventes (SET), tal como descrito no capítulo anterior. No entanto, o emulsionante neste caso é o dodecil sulfato de sódio (SDS). O DGEBA é mais viscoso do que o TETA e, por conseguinte, não é possível criar pequenas gotículas isoladas na solução. Assim, o SDS foi utilizado como emulsionante, que é, por natureza, um dispersante muito forte, pelo que é possível criar uma emulsão muito fina. No entanto, os testes iniciais mostram que 1 wt% de SDS não é adequado para a preparação de ECM. Isto deve-se ao facto de, uma vez interrompida a agitação da solução, as cápsulas se colarem umas às outras devido à elevada viscosidade da fase contínua. Para ultrapassar este problema, a percentagem em peso de SDS foi aumentada passo a passo pelo método de acerto e erro e, finalmente, a 6 % em peso, as microcápsulas desaglomeradas foram preparadas com êxito. Assim, a variação da concentração de emulsionante em % em peso no caso do emulsionante escolhido foi de 6 % em peso, 7 % em peso e 8 % em peso e a variação da velocidade de agitação foi de 400, 450 e 500 rpm.

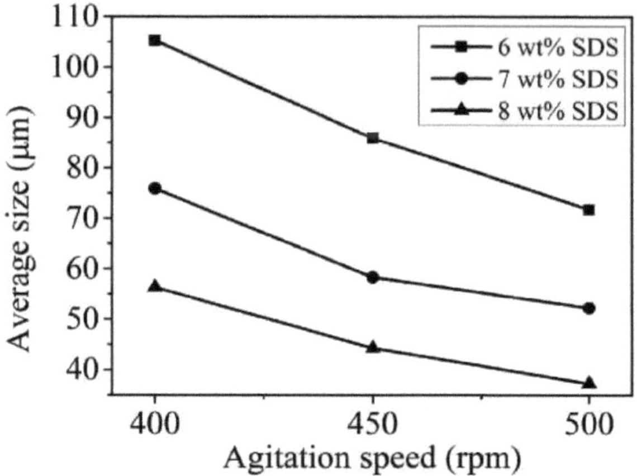

FIGURA 4.9 Efeito da velocidade de agitação e da concentração de emulsionante no tamanho médio do HCM

A variação do tamanho médio da HCM com a alteração da concentração do emulsionante de 6 para 8wt% de SDS com um incremento de 1wt% é apresentada na Fig. 4.9. Observa-se uma imagem clara da redução gradual do tamanho médio da MEC, não só com o aumento da velocidade de agitação de 400 para 500 rpm, mas também com o aumento da concentração de emulsionante.

A imagem FESEM do ECM preparado com velocidade de agitação de 400 rpm, 450 rpm e 500 rpm é mostrada nas Figs. 4.10 (a), (b) e (c), respetivamente. Os resultados também mostraram que a combinação de uma velocidade de agitação mais elevada com uma concentração mais elevada de emulsionante produziu uma distribuição de tamanhos estreita, como se pode ver na Fig. 4.11. O tamanho médio mais baixo das microcápsulas é observado como 37,2835±5 ^m a uma velocidade de agitação elevada de 500 rpm e com uma concentração mais elevada de emulsionante. A uma velocidade de agitação baixa, pode ter ocorrido uma distribuição de tamanho mais alargada devido à variação do fluxo de fluido à volta do impulsor e à distância do impulsor. À medida que a velocidade de agitação aumenta, a força de cisalhamento no fluido aumenta e o tamanho das microcápsulas diminui com uma distribuição de tamanho mais estreita. Além disso, uma vez que o emulsionante também actua como um agente estabilizador, uma concentração mais elevada, juntamente com forças de cisalhamento mais elevadas na solução, torna as microgotas formadas (endurecedor/resina) mais estáveis para permanecerem desaglomeradas durante a sintetização.

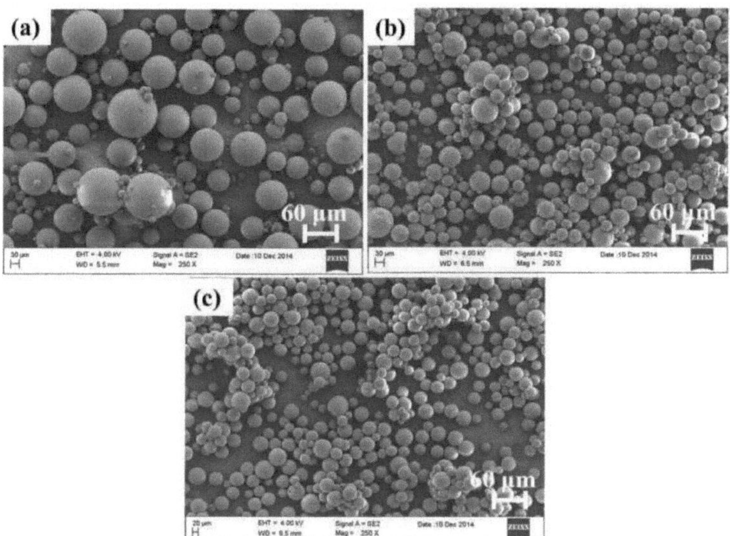

FIGURA 4.10 Imagens FESEM de microcápsulas de ECM preparadas a (a) 400 rpm, (b) 450 rpm e (c) 500 rpm

As imagens FESEM de baixa ampliação (Figs. 4.12 (a) e (b), respetivamente) justificam o mesmo para a HCM e a ECM. No entanto, no caso da ECM, em alguns locais, ainda é visível a aglomeração parcial da resina que contém microcápsulas, como se mostra na Fig. 4.12 (b), mesmo após o processamento com elevada força de cisalhamento e elevada concentração de emulsionantes. Este comportamento pode ter ocorrido devido à formação de grumos de material de revestimento não reagido (PMMA) nas superfícies da MEC altamente viscosa, o que também foi confirmado pela imagem FESEM da morfologia da superfície da microcápsula em grande ampliação (Fig. 4.12 (b)).

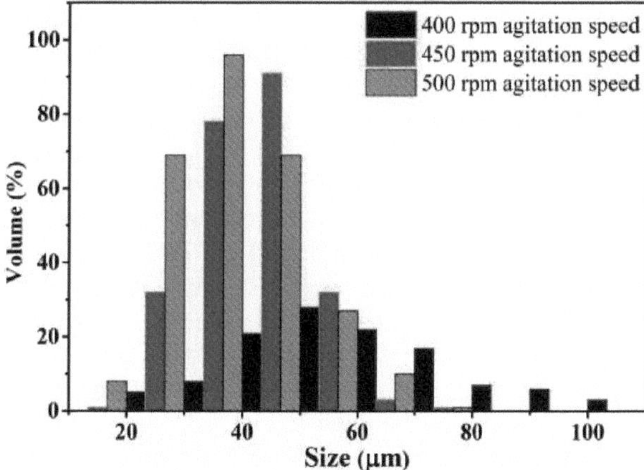

FIGURA 4.11 Variação da distribuição de tamanhos com a velocidade de agitação

Isto pode aumentar o fenómeno de maturação de Ostwald para a agregação entre a resina que contém as microcápsulas. Este comportamento não é observado na imagem

FESEM da morfologia da superfície do HCM em grande ampliação, como se mostra na Fig. 4.4(b) e 4.8(b).

No entanto, observa-se uma rugosidade uniforme da superfície com a presença de nanofissuras na superfície exterior tanto na HCM como na ECM. O aumento da rugosidade da superfície das microcápsulas pode resultar numa melhor interação, na presença de fissuras, com a matriz para libertar o agente cicatrizante.

FIGURA 4.12 Imagens FESEM de (a) morfologia da cápsula e (b) morfologia da superfície da MEC

4.4 Cálculo do teor de núcleo, espessura da parede da casca e morfologia da parede da casca de HCM e ECM

A quantidade de agente de cura que é o endurecedor e a resina nas microcápsulas é um fator importante que garante o aumento da eficácia da cura. Em geral, a casca fina com microcápsulas de igual tamanho podem conter mais agente cicatrizante em comparação com as microcápsulas de paredes espessas. Todos os parâmetros de processamento aqui estudados podem influenciar o conteúdo do núcleo. No entanto, os efeitos do rácio de peso núcleo-casca e da velocidade de agitação são mais significativos para determinar o conteúdo do núcleo das microcápsulas. Nestes casos, as microcápsulas possuem paredes finas com espaço interior suficiente para armazenar os agentes de cura, o que garante uma elevada eficácia de cura aquando da sua utilização. Além disso, o conteúdo do núcleo das microcápsulas contendo endurecedor é inferior ao das microcápsulas contendo resina epóxi de tamanho semelhante devido à variação da viscosidade entre o endurecedor (TETA) e a resina epóxi (DGEBA).

A variação do teor de núcleo para a HCM preparada com variação da velocidade de agitação (400 rpm, 450 rpm e 500 rpm) e da concentração de emulsionante de PVA (1 wt%, 2 wt% e 3 wt%) é apresentada na Fig. 4.13. Do mesmo modo, a variação do teor de núcleo para a HCM e a ECM preparadas com SDS calculada pelo método de extração por solventes é apresentada nas Figs. 4.14 e 4.15, respetivamente. O teor de núcleo da HCM preparada com PVA aumenta com o aumento da velocidade de agitação. Além disso, também se observou que, com o aumento da concentração de emulsionante, o conteúdo do núcleo aumenta.

O conteúdo do núcleo é bastante baixo (9,50 wt.%) a uma velocidade de agitação e concentração de emulsionante de 400 rpm e 1 wt.%, respetivamente. O teor de núcleo aumenta para 15,23% em peso com o aumento da velocidade de agitação de 400 para 500 rpm, mantendo constantes os outros parâmetros (rácio de peso núcleo-casca de 4, temperatura de 40º C e concentração de emulsionante de 1% em peso). No entanto, um maior aumento da velocidade de agitação não produz qualquer melhoria significativa no conteúdo do núcleo das microcápsulas. O conteúdo do núcleo aumenta drasticamente com o aumento da concentração de emulsionante de 1 wt.% para 2 wt.% e depois continua a aumentar ligeiramente com o aumento da concentração até 3 wt.%, como se mostra na Fig. 4.13. O maior conteúdo de núcleo de HCM preparado com PVA obtido é de 21,75% em peso a uma velocidade de agitação de 500 rpm e concentração de emulsificante de 3% em peso.

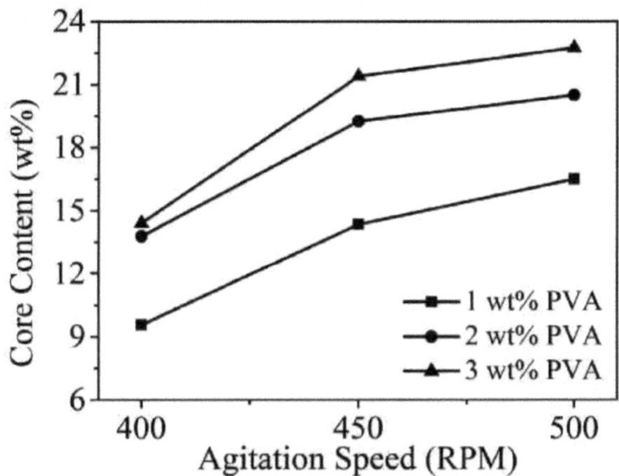

FIGURA 4.13 Variação do teor de núcleo do HCM preparado com PVA

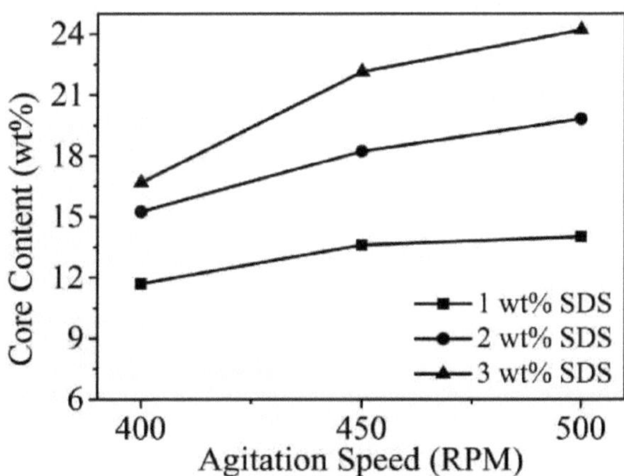

FIGURA 4.14 Variação do teor de núcleo do HCM preparado com SDS

Para o HCM preparado com SDS a uma velocidade de agitação mais elevada de 500 rpm, o conteúdo do núcleo aumenta ainda mais de 16,67% em peso para 24,21% em peso para o aumento da concentração de SDS de 1% em peso para 3% em peso, como se mostra na Fig. 4.14. Um comportamento semelhante de aumento do teor de núcleo de 52,85% em peso para 53,94864% em peso é observado para o ECM com o aumento da velocidade de agitação e da concentração de emulsionante de 6% em peso para 8% em peso, como se mostra na Fig. 4.15. O teor máximo de núcleo para o HCM foi de 24,74 wt% a 500 rpm com 3 wt% de SDS e para o ECM foi de 53,95% a 500 rpm com 8 wt% de SDS.

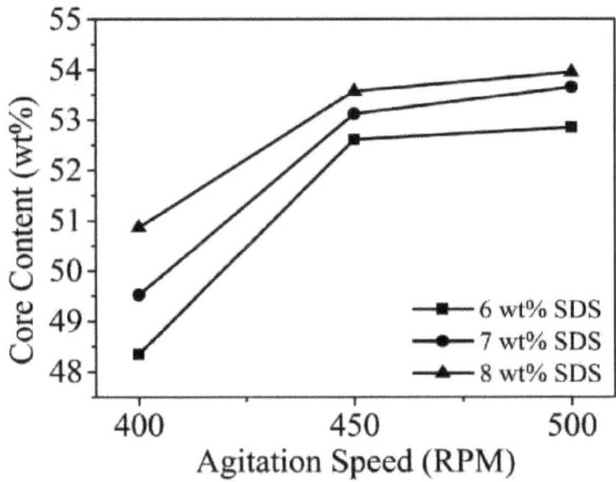

FIGURA 4.15 Variação do teor de núcleo da MEC preparada com SDS

Este aumento significativo é atribuído não só à diminuição do tamanho das microcápsulas a uma velocidade de agitação mais elevada, o que leva a um aumento da energia de superfície, mas também à estabilização das microgotas formadas na presença de uma concentração elevada de emulsionante e à deposição de PMMA para encapsulação. Tendo em conta a investigação acima referida e com o objetivo de alcançar uma maior eficiência de auto-regeneração, tanto o HCM como o ECM processados a uma velocidade de agitação elevada de 500 rpm e uma concentração elevada de PVA para o HCM e de SDS para o ECM são considerados como cargas para preparar sistemas adesivos SHDME.

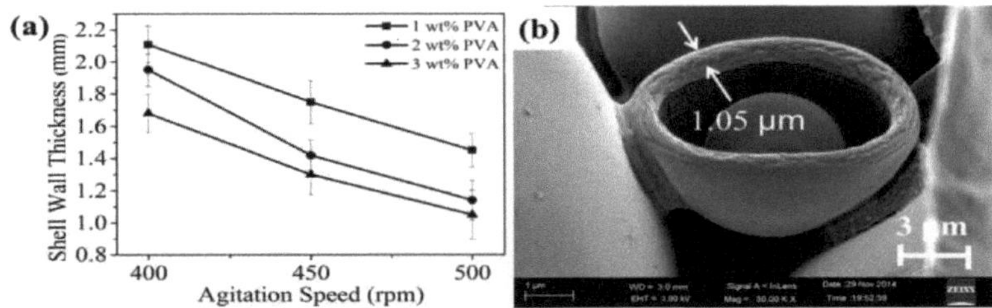

FIGURA 4.16 Variação da (a) espessura da parede da casca do HCM preparado com PVA com a (b) morfologia da parede da casca

Além disso, o aumento das microgotas de tamanho reduzido com deposição constante de PMMA na sua superfície também pode ter um efeito consequente na redução da espessura da parede da casca. Um aumento do material de cura no núcleo e a redução da espessura da parede da casca das microcápsulas aumentam significativamente a sua capacidade de auto-cura. Na presente investigação, observou-se um aumento significativo do conteúdo do núcleo para 22,74% em peso no caso da HCM preparada com PVA, 24,74% em peso no caso da HCM preparada com SDS e 53,95% em peso no caso da ECM com uma redução notável da espessura da parede da casca para ~ 1,05 ^m, .95 ^m e ~ 1,14 ^m para a respectiva microcápsula, como se mostra nas Figs. 4.16(a), 4.17(a) e 4.18(a) respetivamente.

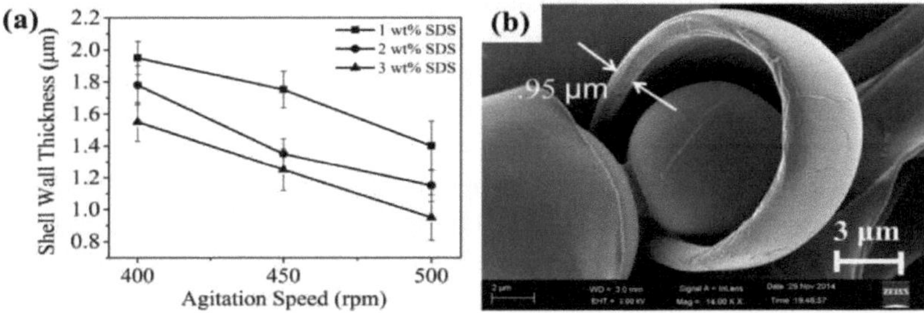

FIGURA 4.17 Variação da (a) espessura da parede da casca do HCM preparado com SDS com a (b) morfologia da parede da casca

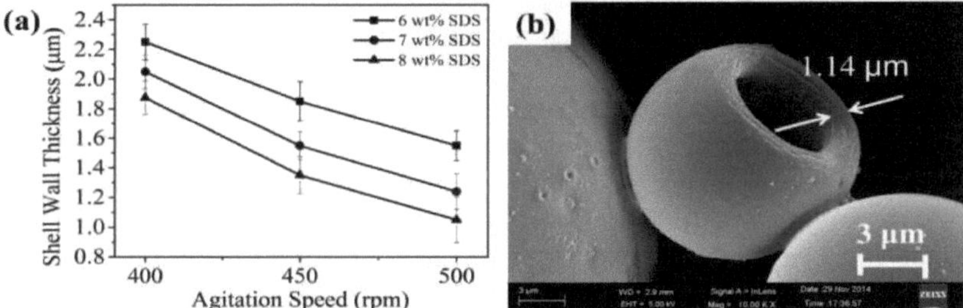

FIGURA 4.18 Variação da (a) espessura da parede da casca do ECM com a (b) morfologia da parede da casca

Uma imagem FESEM típica que ilustra a espessura da parede da casca de 1,05 ^m, .95 ^m e ~ 1,14 ^m para HCM sintetizada com 3 wt% de PVA, HCM sintetizada com 3 wt% de SDS e ECM sintetizada com 8 wt% de concentração de SDS a 500 rpm é mostrada nas Figs. 4.16(b), 4.17(b) e 4.18(b) respetivamente. No entanto, a elevada concentração de emulsionante não pode ser negligenciada porque não só actua como agente estabilizador, mas também catalisa predominantemente a formação de microgotículas estáveis para permanecerem desaglomeradas. Este facto contribui principalmente para a deposição uniforme de PMMA nas microgotas, resultando na formação de microcápsulas com um elevado teor de núcleo e uma espessura reduzida da parede da casca.

4.5 Análise elementar

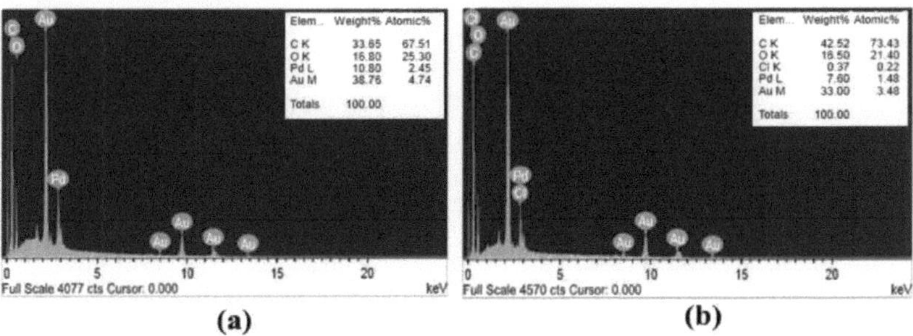

FIGURA 4.19 Análise elementar de (a) HCM e (b) ECM preparados a uma velocidade de agitação de 500 rpm

A análise elementar foi efectuada juntamente com a análise FESEM para a HCM e a

ECM, como se mostra na Fig. 4.19 (a) e (b), respetivamente. No caso da HCM, a análise elementar mostra a presença de carbono (C), oxigénio (O), ouro (Au) e paládio (Pd). A presença de carbono e oxigénio pode ser atribuída ao material da parede do invólucro, que é PMMA. A presença de K e Al é desconhecida. A percentagem em peso de carbono no caso do ECM é maior, o que pode dever-se à presença de resina epóxi na superfície do ECM, que também foi encontrada na superfície da imagem FESEM como formação de mandris.

4.6 Arquitetura molecular dos adesivos HCM, ECM e SHDME

A Fig. 4.20 mostra os espectros de FTIR do PMMA puro, bem como do HCM sintetizado com PVA, HCM sintetizado com SDS e ECM a uma concentração elevada de emulsionante (3 wt% de PVA e SDS para o HCM e 8 wt% de SDS para o ECM). O espetro FTIR do material de revestimento de PMMA puro apresenta uma banda de absorção C=O (estiramento) a 1730 cm^{-1} , como se mostra na Fig. 4.20(a). Os picos de estiramento assimétrico e simétrico do -CH2 aparecem a 2996 e 2845 cm^{-1} , respetivamente.

O espetro de FT-IR do HCM preparado com PVA apresenta picos de absorção para o grupo N-H a 840, 1571 e 3370 cm^{-1} [38] respetivamente, juntamente com os picos exibidos nos espectros de FT-IR do PMMA puro, confirmando o encapsulamento bem sucedido do endurecedor (como mostrado na Fig 4.20(b)).

Da mesma forma, o espetro de FT-IR do HCM preparado com SDS apresenta picos de absorção para o grupo N-H a 840, 1571 e 3370 cm^{-1} respetivamente, juntamente com os picos exibidos nos espectros de FT-IR do PMMA puro, confirmando o encapsulamento bem sucedido do endurecedor (como mostrado na Fig 4.20(c)).

Para o ECM, os picos de absorção a 1245 e 910 cm^{-1} [39] indicam a presença de grupos C-O-C e epóxido, respetivamente, juntamente com C=O (estiramento) e -CH2 estiramento assimétrico e simétrico, o que confirma o encapsulamento bem sucedido da resina epóxi (como se mostra na Fig. 4.20 (d)). No entanto, a maior intensidade de todas as bandas vibracionais respectivas para o ECM em comparação com o HCM é atribuída ao seu maior teor de núcleo, também observado na Fig. 4.20. Assim, a partir dos espectros FT-IR da HCM preparada com PVA, da ECM preparada com SDS e da ECM preparada com SDS, pode justificar-se que o encapsulamento do endurecedor (TETA) e da resina epóxida (DGEBA) foi bem sucedido.

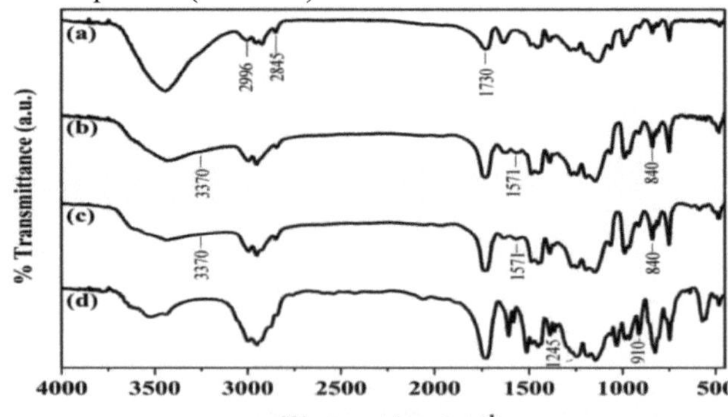

FIGURA 4.20 Espectros FT-IR de (a) PMMA, (b) HCM preparado com PVA, (c) HCM preparado com SDS e

(d) ECM preparado a 500 rpm e respectiva concentração máxima de emulsionante.

Como já foi referido no capítulo anterior, os adesivos epoxídicos auto-regenerantes de duplo componente e induzidos por microcápsulas (SHDME) preparados pela mistura de HCM (preparado com PVA) e ECM (preparado com SDS como emulsionante) são representados como sistema PVA e os da mistura de HCM e ECM preparados com SDS como emulsionante são representados como sistema SDS. Os espectros da análise FT-IR para o adesivo NE e SHDME curado contendo 5, 7,5 e 10 wt% de microcápsulas do sistema PVA são apresentados na Fig. 4.21.

As bandas a 916 cm^{-1} e 1182 cm^{-1} representam o alongamento do anel epóxido, enquanto a banda a 1245 cm^{-1} representa a presença do grupo C-O-C do epóxido [44]. As intensidades destas bandas são máximas para o NE e depois diminuem gradualmente com o aumento do teor de microcápsulas. Além disso, a banda a 1607 cm^{-1} representa o estiramento C-C do anel aromático e as bandas a 1580 cm^{-1} e 1640 cm^{-1} representam o grupo N-H da amina (endurecedor). Observa-se que as intensidades destas bandas que representam o grupo epóxido e as aminas diminuem com o aumento da concentração de microcápsulas. Isto pode ter acontecido principalmente devido à sua utilização como agente de cura no adesivo na presença de fissuras. A presença de PMMA no adesivo SHDME com todas as concentrações de microcápsulas é confirmada pelo aumento da intensidade da banda a 1730 cm^{-1} que representa C=O (estiramento). Consequentemente, este estudo dá uma indicação preliminar da diminuição do agente de cura com a cura.

Os espectros da análise FT-IR para o adesivo NE e SHDME curado contendo 5, 7,5 e 10 wt% de microcápsulas do sistema SDS são apresentados na Fig. 4.22. Bandas semelhantes a 916 cm^{-1} e 1182 cm^{-1} representam o alongamento do anel epóxido, enquanto a banda a 1245 cm^{-1} representa a presença do grupo C-O-C do epóxido [44]. As intensidades destas bandas também são máximas para o NE e depois diminuem gradualmente com o aumento do teor de microcápsulas. Da mesma forma, a banda a 1607 cm^{-1} representa o estiramento C-C do anel aromático e as bandas a 1580 cm^{-1} e 1640 cm^{-1} representam o grupo N-H da amina (endurecedor).

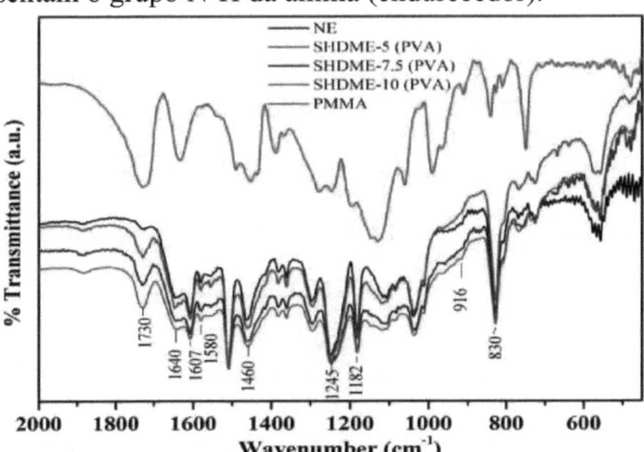

FIGURA 4.21 Espectros FT-IR do adesivo epoxídico puro (NE), SHDME-5, SHDME-7.5, SHDME-10 do sistema PVA e PMMA

Observa-se também que as intensidades destas bandas que representam o grupo epóxido e as aminas diminuem com o aumento da concentração de microcápsulas. Isto pode ter acontecido principalmente devido à sua utilização como agente de cura no adesivo na presença de fissuras. A presença de PMMA no adesivo SHDME com todas as concentrações de microcápsulas é confirmada pelo aumento da intensidade da banda a 1730 cm^{-1} que representa C=O (estiramento). Consequentemente, este estudo dá uma indicação preliminar da diminuição do agente de cura com a cura.

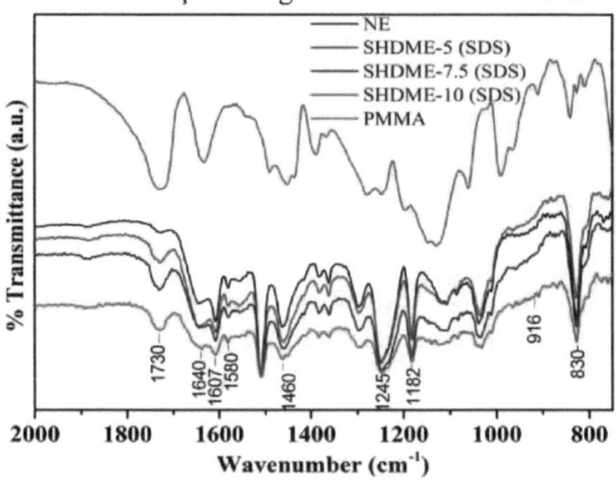

FIGURA 4.22 Espectros FT-IR do adesivo epoxídico puro (NE), SHDME-5, SHDME-7.5, SHDME-10 do sistema SDS e PMMA

4.7 Análise térmica de adesivos HCM, ECM e SHDME

A análise TGA foi efectuada principalmente para compreender a estabilidade térmica do HCM e do ECM antes do reforço dos mesmos no compósito adesivo. A curva TGA para o HCM preparado com PVA, o HCM preparado com SDS e o ECM em relação ao material de revestimento-PMMA, endurecedor primitivo e epóxi primitivo são apresentados nas Figs. 4.23, 4.24 e 4.25, respetivamente.

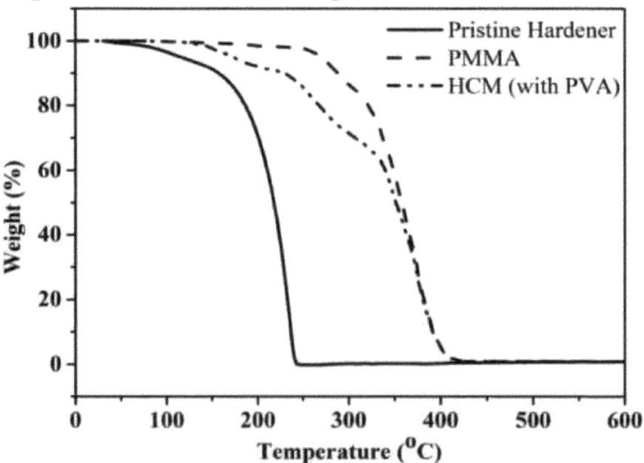

FIGURA 4.23 Curvas TGA do endurecedor puro, PMMA e endurecedor contendo microcápsulas do sistema PVA.

A partir da Fig. 4.23, é evidente que a curva TGA do endurecedor primitivo é uma degradação térmica de uma etapa que começa a 95^0 C e continua até 240^0 C. Ao passo que a decomposição térmica dos materiais do invólucro de PMMA ocorre na gama de temperaturas de 265-425⁰ C, consistindo em duas etapas. No entanto, o HCM representa três fases de degradação, começando com a primeira fase de degradação térmica a 145° C devido à perda de peso da humidade absorvida e do endurecedor presente nas microcápsulas. A segunda fase de degradação térmica tem início a 255⁰ C, com a correspondente perda de peso, representando a degradação do endurecedor e do PMMA, enquanto a terceira fase de degradação térmica tem início a 320° C, com a correspondente perda de peso, representando apenas a degradação do PMMA. A temperatura de degradação em comparação com o endurecedor primitivo foi deslocada ligeiramente para cima devido ao seu encapsulamento com PMMA. Isto prova mais uma vez o encapsulamento bem sucedido do endurecedor com um teor aproximado de núcleo estimado em 20wt% nas microcápsulas.

A curva TGA do endurecedor pristino, PMMA e HCM preparado com SDS é mostrada na Fig. 4.24. A partir da figura, verifica-se também que o HCM preparado com SDS segue três etapas de degradação, tal como acontece com o HCM preparado com PVA. Mas o ponto de início e de fim da degradação é diferente devido ao teor diferente de núcleo dos dois tipos de HCM. No entanto, a HCM representa degradações em três fases, começando com a primeira fase de degradação térmica a 115° C devido à perda de peso da humidade absorvida e do endurecedor presente nas microcápsulas. A segunda fase de degradação térmica tem início a 200° C, com uma perda de peso correspondente de 18% em peso, representando a degradação do endurecedor e do PMMA, enquanto a terceira fase de degradação térmica tem início a 340° C, com uma perda de peso correspondente, representando apenas a degradação do PMMA. A temperatura de degradação em comparação com o endurecedor primitivo foi deslocada ligeiramente para cima devido ao seu encapsulamento com PMMA. Isto prova mais uma vez o encapsulamento bem sucedido do endurecedor com um teor aproximado de núcleo estimado em 20wt% nas microcápsulas.

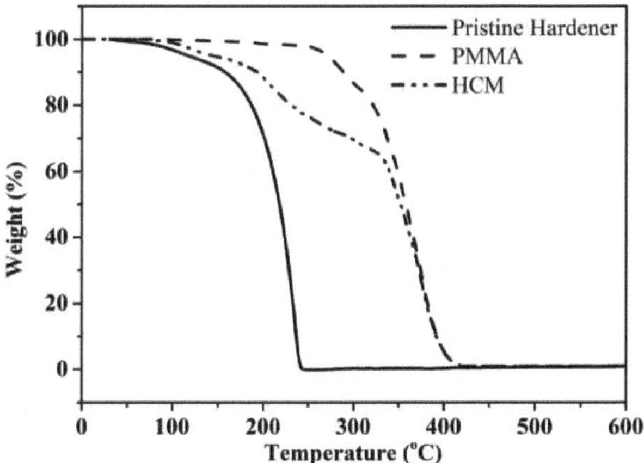

FIGURA 4.24 Curvas TGA do endurecedor puro, PMMA e endurecedor contendo microcápsulas do sistema SDS.

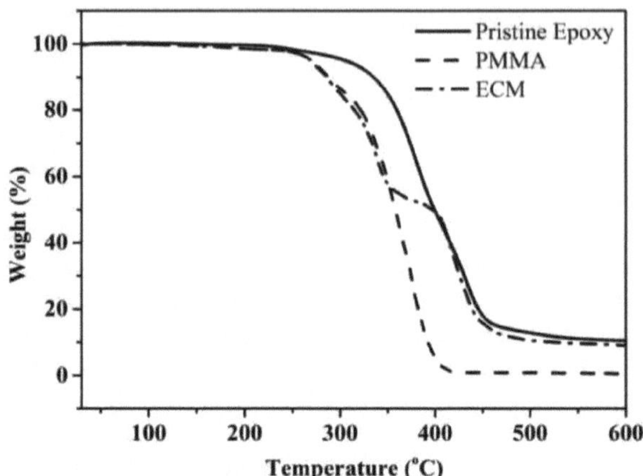

FIGURA 4.25 Curvas TGA do endurecedor puro, do PMMA e da resina epoxídica contendo microcápsulas (ECM).

A curva TGA do epóxi puro, do PMMA e do ECM preparado com SDS é apresentada na Fig. 4.25. Pode ver-se na figura que a degradação da resina epóxi pristina é uma degradação térmica de um passo que começa a 270^0 C e continua até 450^0 C. O comportamento da degradação térmica do PMMA é o mesmo que o descrito acima. Mas, no caso do ECM, também segue um processo de degradação térmica em três fases. A primeira degradação do ECM tem início a 250° C devido à degradação do PMMA, seguida da segunda etapa de degradação a 350° C e termina a 420° C, correspondendo à degradação da resina combinada de PMMA e epóxi; acima de 420° C, a terceira etapa de degradação deve-se à degradação apenas do epóxi. Toda a degradação térmica do ECM prova o encapsulamento bem sucedido da resina dentro do invólucro de PMMA e as etapas de degradação correspondentes ao ECM dão uma estimativa aproximada do conteúdo do núcleo de 50 wt%.

4.8 Propriedades mecânicas

As propriedades de tração dos espécimes da junta de colagem por sobreposição NE e SHDME foram determinadas de acordo com a norma ASTM D1002 numa máquina de tração universal computorizada, tal como referido anteriormente. As propriedades mecânicas dos espécimes de junta sobreposta investigadas foram a resistência ao cisalhamento sobreposto, a energia de falha absorvida (AFE) e a eficiência de cura.

4.8.1 SHDME Juntas sobrepostas adesivas com sistema PVA

A Fig. 4.26 mostra as curvas carga-deslocamento típicas do ensaio de cisalhamento por tração das juntas adesivas para NE, bem como para SHDME-5 (PVA), SHDME-7.5 (PVA) e SHDME-10 (PVA). O efeito da variação da concentração de microcápsulas duplas na resistência ao cisalhamento é mostrado na Fig. 4.27. A resistência ao cisalhamento por sobreposição foi calculada a partir das curvas carga-deslocamento, dividindo a carga crítica de fratura pelo produto do comprimento e da largura da junta por sobreposição.

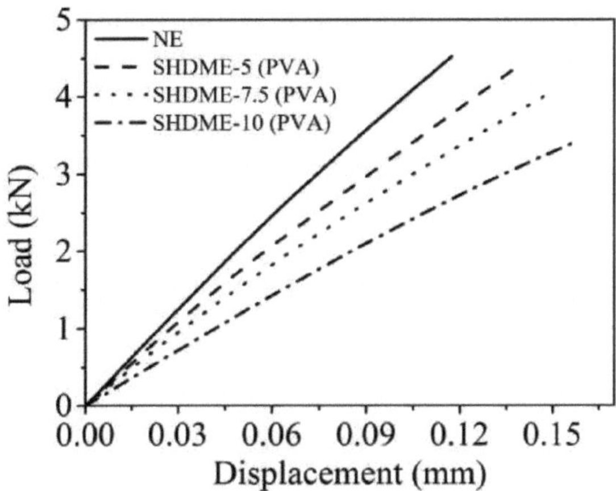

FIGURA 4.26 Curvas Carga vs Deslocamento para o ensaio de tração em juntas sobrepostas adesivas do sistema PVA

Observa-se uma diminuição gradual da resistência ao cisalhamento com o aumento da concentração da microcápsula dupla nos adesivos em relação à junta adesiva NE. A junta adesiva epoxídica NE proporciona uma resistência ao cisalhamento por sobreposição de ~15 MPa. Para o SHDME-5, observa-se uma ligeira depreciação na resistência ao cisalhamento. No entanto, quanto maior for a concentração de indução de microcápsulas duplas no adesivo, como no caso do SHDME-7.5 e do SHDME-10, nota-se uma queda significativa na resistência ao cisalhamento. Mas as extensões dessas juntas sob carga uniaxial aumentam (Fig. 4.26) com o aumento da concentração de microcápsulas duplas nas juntas adesivas SHDME. Isto pode ter acontecido devido à natureza viscoelástica das microcápsulas induzida no adesivo epoxídico. A variação da energia de rotura absorvida é mostrada na Fig. 4.28. Com o aumento da concentração de microcápsulas duplas no adesivo, a energia de rotura absorvida aumenta primeiro até 5wt%.

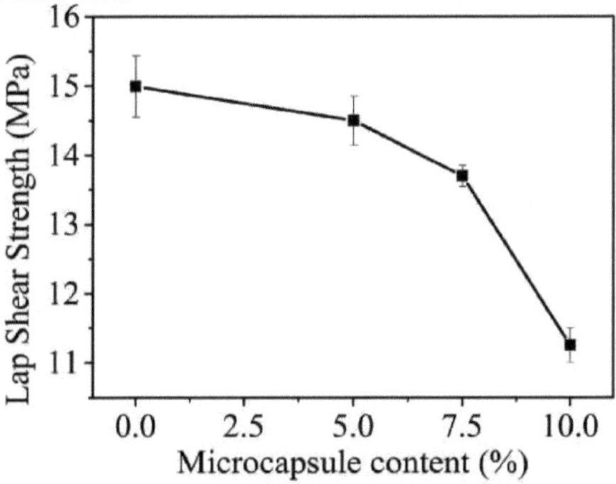

FIGURA 4.27 Resistência ao cisalhamento com vários teores de microcápsulas de componente duplo do sistema PVA

Posteriormente, o aumento da concentração de microcápsulas duplas no adesivo suprime significativamente a energia de rotura absorvida. Esta queda significativa na resistência ao cisalhamento do colo e na energia de falha absorvida em alta concentração de incorporação de microcápsulas duplas é atribuída principalmente ao seu efeito de aumento de tensão pelas microcápsulas de tamanho mícron no adesivo.

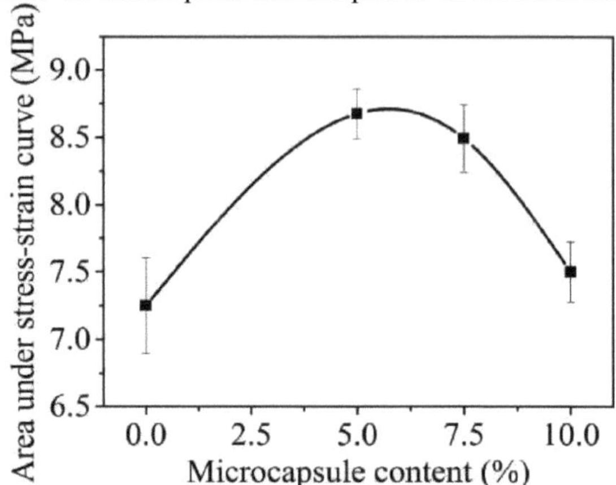

FIGURA 4.28 Variações da energia absorvida na falha (AFE) do sistema PVA com a variação do conteúdo da microcápsula de componente duplo

A eficiência da cicatrização foi calculada a partir das curvas carga-deslocamento típicas do espécime virgem e cicatrizado, conforme descrito acima e apresentado na Fig. 4.29 (a). O efeito da concentração de microcápsulas duplas na eficiência de cicatrização é mostrado na Fig. 4.29 (b). É interessante notar que se observa um aumento significativo da eficiência de cicatrização com o aumento da concentração da dupla encapsulação. A eficiência máxima de cicatrização de 89,44% foi observada com 10 wt% de incorporação de microcápsulas duplas no adesivo misturado na proporção de 1:1. Isto pode ter acontecido devido ao aumento da probabilidade de a frente de fissura romper a HCM e a ECM na matriz com o aumento da sua concentração. Além disso, o conteúdo total do núcleo de ambas as microcápsulas aumenta e, por conseguinte, pode aumentar a eficácia da cicatrização.

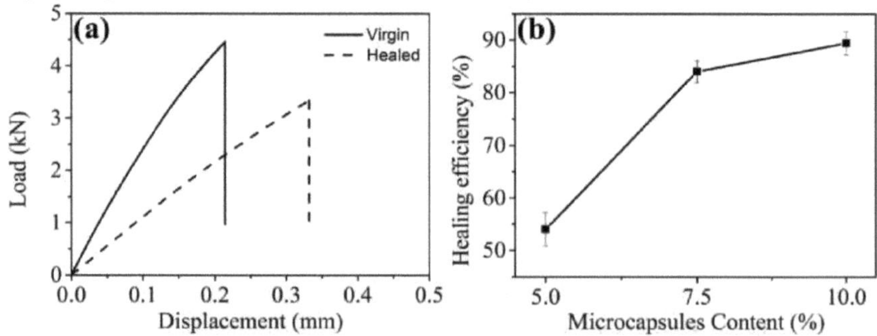

FIGURA 4.29: (a) Gráfico carga-deslocamento da amostra virgem e curada para calcular a eficiência da cura (b) Eficiência da cura para as juntas adesivas com o código n. SHDME-5, SHDME-7.5, SHDME-5 do sistema PVA

4.8.2 SHDME Adhesive Lap oints com o sistema SDS

4.8.3 A resistência ao cisalhamento da sobreposição, a energia de falha absorvida (AFE) e a eficiência de cura da junta de sobreposição adesiva SHDME com o sistema SDS também foram calculadas de forma semelhante à descrita no capítulo anterior.

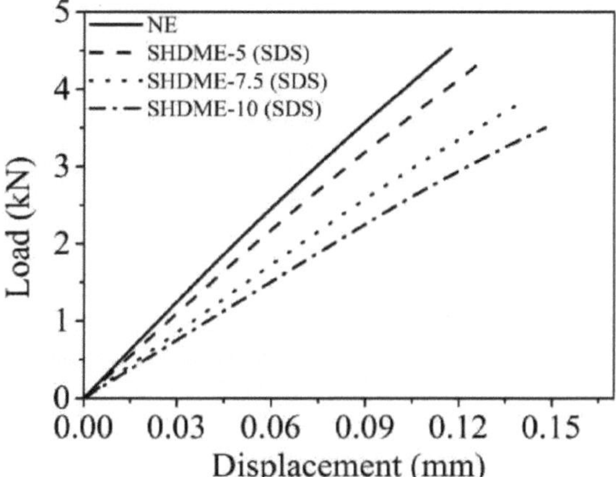

FIGURA 4.30 Curvas Carga vs Deslocamento para o ensaio de tração em juntas adesivas do sistema SDS.

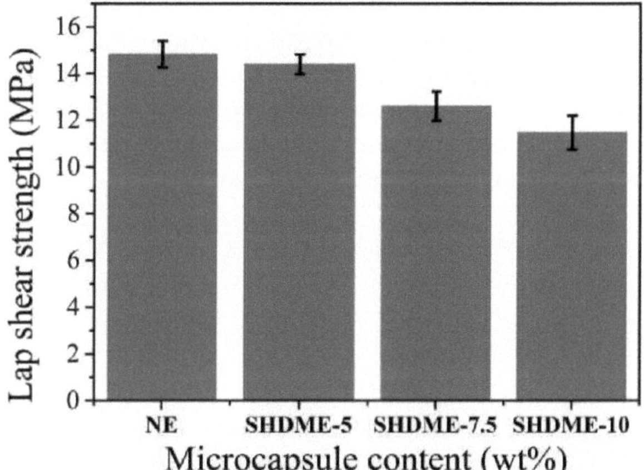

FIGURA 4.31 Variações da resistência ao cisalhamento com vários teores de microcápsulas de componente duplo do sistema SDS.

No caso do SHDME-5, observa-se uma depreciação semelhante na resistência ao cisalhamento por sobreposição, tal como no caso do sistema PVA referido na secção anterior. No entanto, uma concentração mais elevada de indução de microcápsulas duplas no adesivo, como no caso do SHDME-7.5 e do SHDME-10, regista-se uma queda significativa na resistência ao cisalhamento. Mas as extensões destas juntas sob carga uniaxial aumentam (Fig. 4.30) com o aumento da concentração de microcápsulas duplas nas juntas adesivas SHDME.

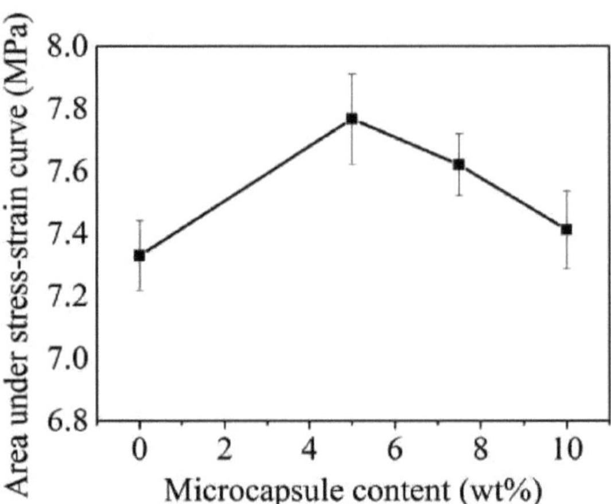

FIGURA 4.32 Variações da energia de rotura absorvida (AFE) com vários conteúdos de microcápsulas de componente duplo do sistema SDS

Isto pode ter acontecido devido à natureza viscoelástica das microcápsulas induzidas no adesivo epoxídico. A variação da energia de rotura absorvida é apresentada na Fig. 4.32. Com o aumento da concentração de microcápsulas duplas no adesivo, a energia de rotura absorvida aumenta primeiro até 5wt%. Depois disso, o aumento da concentração de microcápsulas duplas no adesivo suprime significativamente a energia de rutura absorvida. Esta queda significativa na resistência ao cisalhamento do colo e na energia de rutura absorvida em alta concentração de incorporação de microcápsulas duplas é atribuída principalmente ao seu efeito de aumento de tensão pelas microcápsulas de tamanho micrónico no adesivo.

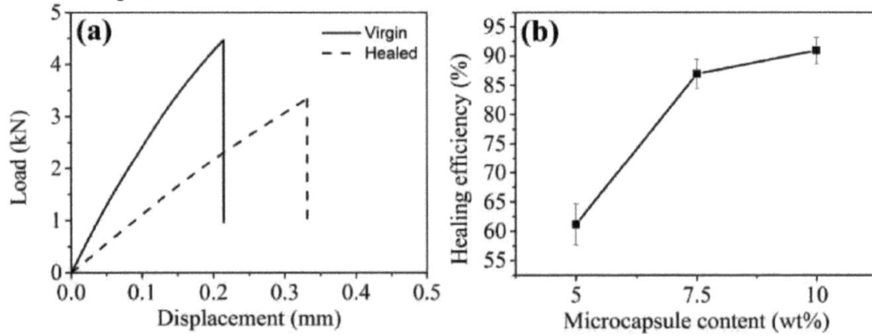

FIGURA 4.33 (a) Gráfico carga-deslocamento da amostra virgem e curada para calcular a eficiência da cura (b) Eficiência da cura para as juntas adesivas código n. SHDME-5, SHDME-7.5, SHDME-5 do sistema SDS

A eficiência da cicatrização foi calculada a partir das curvas carga-deslocamento típicas do espécime virgem e cicatrizado, conforme descrito acima e apresentado na Fig. 4.33 (a). O efeito da concentração dupla de microcápsulas na eficiência de cicatrização é apresentado na Fig. 4.27 (b).

É interessante notar que se observa um aumento significativo da eficácia de cicatrização com o aumento da concentração da dupla encapsulação. A eficiência máxima de cicatrização de 90,93% foi observada a 10 wt% de incorporação de microcápsulas duplas no adesivo misturado na proporção de 1:1. Isto pode ter acontecido devido ao aumento da probabilidade de a frente de fissura romper a HCM e a ECM na matriz com o aumento da sua concentração. Além disso, o conteúdo total do núcleo de ambas as microcápsulas aumenta e, por conseguinte, pode aumentar a eficácia da cicatrização.

4.9 Comportamento à fratura de amostras de juntas sobrepostas com adesivo SHDME

A superfície de fratura das amostras de juntas sobrepostas adesivas NE e SHDME é investigada com OM e FESEM. As superfícies de fratura das juntas sobrepostas adesivas SHDME do sistema PVA e do sistema SDS são analisadas separadamente e comparadas com a superfície de fratura da NE. Os diferentes modos de fratura obtidos são discutidos abaixo em pormenor.

4.9.1 Comportamento à fratura de juntas sobrepostas simples do sistema PVA com adesivo SHDME cicatrizado e NE

A Fig. 4.34 mostra o aspeto das superfícies de fratura para a NE e para as juntas de sobreposição simples curadas com adesivo SHDME-5, SHDME-7.5 e SHDME-10 do sistema PVA. Observa-se que o padrão de fratura no caso da NE é predominantemente de natureza interfacial (região 1) com poucas impressões evidentes, não uma réplica do adesivo e do substrato exposto no substrato complementar, que é a natureza coesiva da fratura mostrada como região 2 na Fig. 4.34 (a). Para as juntas adesivas SHDME-5 (PVA), SHDME-7.5 (PVA) e SHDME-10 (PVA) curadas, há provas semelhantes de fratura interfacial em combinação com a transição coesiva sob a forma de propagação da fenda através da maior parte do adesivo curado e depois a transição para a interface, o que levaria à absorção de mais energia antes da falha. A baixa eficiência de cicatrização de 50% no caso da junta adesiva SHDME-5 pode ser justificada principalmente devido à baixa região de propagação de fissuras dentro da massa para o substrato complementar (Fig. 4.34(b)). Um aumento significativo da eficiência de cicatrização no caso do adesivo SHDME-7.5 (PVA) e SHDME-10 (PVA) cicatrizado pode ser atribuído à zona de transição coesiva melhorada juntamente com a presença de uma zona de fratura interfacial, como se mostra nas Figs. 4.34 (c) e (d), respetivamente.

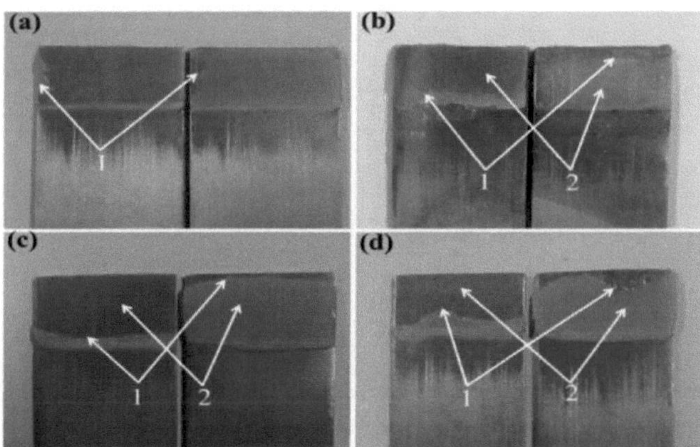

FIGURA 4.34 Superfícies de fratura da junta de cisalhamento de (a) NE, (b) SHDME-5, (c) SHDME-7.5, e (d) SHDME-10 mostrando diferentes características do processo de fratura - (1) fratura coesiva e (2) fratura interfacial do sistema PVA

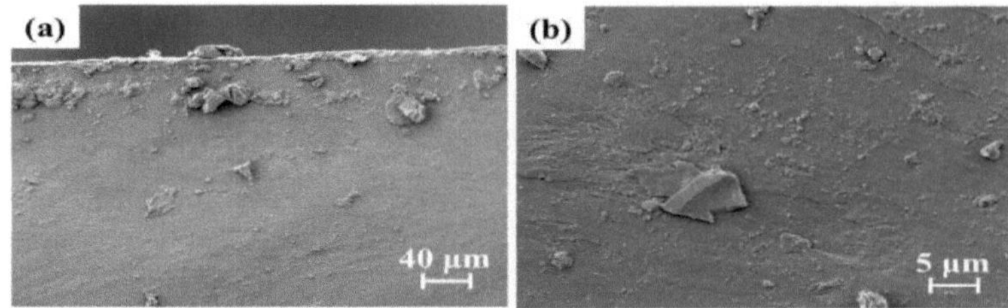

FIGURA 4.35 Imagens FESEM da superfície de fratura de epóxi puro a uma ampliação relativamente (a) baixa e (b) alta.

Para compreender o mecanismo de falha envolvido, é efectuada uma investigação detalhada correspondente à região de transição coesiva através da caraterização FESEM. As Figs. 4.35 (a) e (b) mostram o comportamento de fratura da junta adesiva NE em diferentes ampliações. A região de transição coesiva no caso da junta adesiva NE mostra um comportamento de fratura suave e sem características, o que significa uma fratura frágil com uma cedência de cisalhamento insignificante. Este facto implica uma baixa absorção de energia antes da falha. Por outro lado, a superfície de fratura da zona de transição coesiva de baixa ampliação para a junta adesiva compósita SHDME cicatrizada com um teor de microcápsulas de 5% e 10% em peso mostra a presença de HCM (indicado por "H") (Fig. 4.36(a1)) e ECM parcialmente aglomerado (indicado por "E") (Fig. 4.36(b1)) juntamente com caudas características.

As caudas características na esteira das microcápsulas podem ter surgido devido ao mecanismo de fixação de fissuras durante a rutura das microcápsulas. Em geral, a fixação de fissuras representa uma boa ligação entre o polímero e as cargas de elevada rigidez [41,42]. A presença do mais distinto mecanismo de fixação de fissuras indica uma melhor interação entre as microcápsulas e a matriz. Isto pode ter acontecido devido à libertação do agente cicatrizante das microcápsulas de HCM e ECM, que estão muito próximas do percurso da fenda. Além disso, a rutura das microcápsulas e a libertação do agente de cura no plano de fratura resulta na formação de uma zona espelhada ou plástica com maior cedência por cisalhamento.

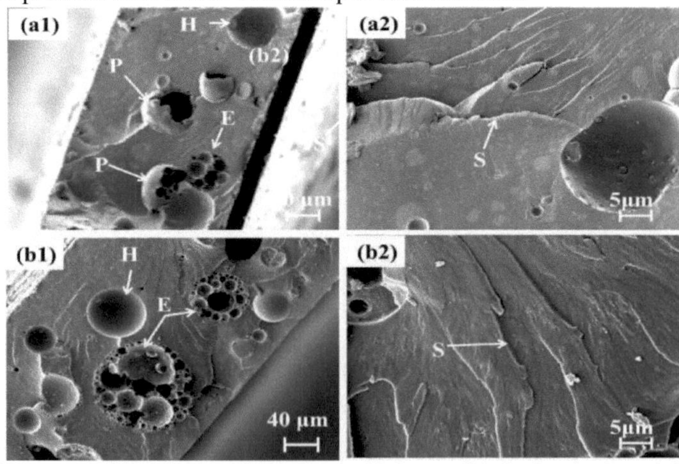

FIGURA 4.36 Imagens FESEM da superfície de fratura (a) da superfície de cicatrização mais baixa e (b) da

superfície de cicatrização mais alta com uma ampliação relativamente (1) baixa e (2) alta do sistema PVA

Observa-se que o grau de rugosidade no caso do adesivo compósito SHDME-10 perto da ponta da fenda adjacente às microcápsulas é mais elevado em comparação com os outros. Além disso, observa-se a presença de microcápsulas de HCM e ECM parcialmente quebradas (indicadas por "P") no plano de fratura da junta adesiva composta SHDME-5 (PVA). Isto pode afetar significativamente o potencial de libertação das microcápsulas na proximidade da fixação da fenda e, por conseguinte, resultar numa menor eficiência de cicatrização. Por outro lado, as imagens FESEM típicas dos compósitos SHDME-10 (PVA) (Fig. 4.36 (b2)) revelam microcápsulas duplas completamente quebradas juntamente com uma cauda escalonada. A formação da superfície em degrau (indicada por "S") é um indicativo da presença de mecanismos de fixação de fissuras e de atenuação de fissuras na vizinhança do trajeto da fissura adjacente às microcápsulas, como se mostra nas Figs. 4.36 (a2) e (b2). Este mecanismo é o principal responsável pela propagação da fenda através do equador das microcápsulas, formando degraus. Isto indica uma libertação eficiente do agente de cura na esteira, em vez de seguir o mecanismo clássico de fixação da fenda, em que o percurso da fenda segue as interfaces da inclusão [41]. Observa-se um aumento efetivo deste comportamento com o aumento do teor de microcápsulas na junta adesiva. Isto pode aumentar a quantidade de danos sub-superficiais com maior eficiência de cicatrização e energia de fratura. As Figs. 4.37 (a) e (b) mostram a presença de agente de cura no plano de fratura perto dos degraus da cauda da fenda para os adesivos compósitos SHDME-5 (PVA) e SHDME-10 (PVA) curados, respetivamente.

A presença da zona de cicatrização (indicada por "HZ") indica principalmente a transição do trajeto da fenda dentro da zona coesiva, resultando na absorção de mais energia antes da falha. Por conseguinte, um aumento da distribuição uniforme da zona de cicatrização (HZ) pode ter um efeito significativo na melhoria da eficiência global da cicatrização, o que é visivelmente observado na junta adesiva compósita SHDME-10 cicatrizada. Assim, um aumento do conteúdo das microcápsulas aumenta a probabilidade de contacto entre as microcápsulas de HCM e ECM, aumentando assim o potencial de cicatrização das juntas.

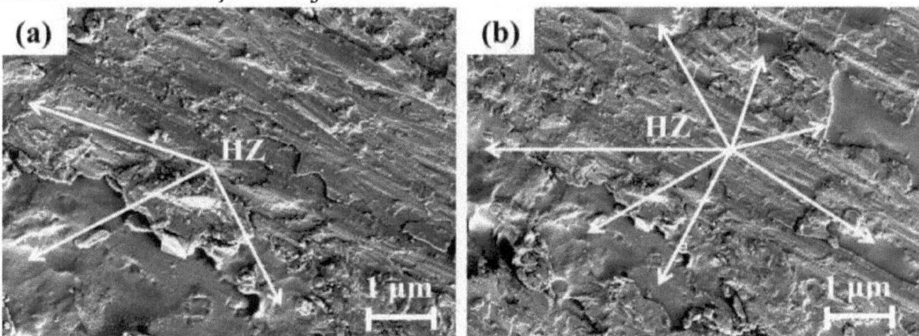

FIGURA 4.37 Imagem FESEM mostrando a zona de cicatrização das superfícies cicatrizadas (a) SHDME-5 (PVA) e (b) SHDME-10 (PVA)

4.9.2 Comportamento à fratura de juntas de sobreposição simples do sistema SDS com adesivo SHDME curado e NE

Da mesma forma, a Fig. 4.38 mostra o aspeto das superfícies de fratura para as juntas adesivas NE e curadas SHDME-5 (SDS), SHDME-7.5 (SDS) e SHDME-10 (SDS). O padrão de fratura para as juntas adesivas SHDME-5 (SDS), SHDME-7,5 (SDS) e SHDME-10 (SDS) curadas mostra evidências semelhantes de fratura interfacial (representada como "1") em combinação com a transição coesiva (representada como "2") sob a forma de propagação da fenda através da maior parte do adesivo curado e depois a transição para a interface, o que levaria à absorção de mais energia antes da falha. O padrão de fratura no caso do NE é o mesmo que foi discutido acima. Para as juntas adesivas SHDME-5 (SDS), SHDME-7,5 (SDS) e SHDME-10 (SDS) curadas, há indícios semelhantes de fratura interfacial em combinação com transição coesiva sob a forma de propagação da fenda através da maior parte do adesivo curado e depois transição para a interface, o que levaria à absorção de mais energia antes da falha. A baixa eficiência de cicatrização de 62% no caso da junta adesiva SHDME-5 (SDS) pode ser justificada principalmente devido à baixa região de propagação de fissuras dentro da massa para o substrato complementar (Fig. 4.38(b)), região essa que é superior à do sistema PVA correspondente.

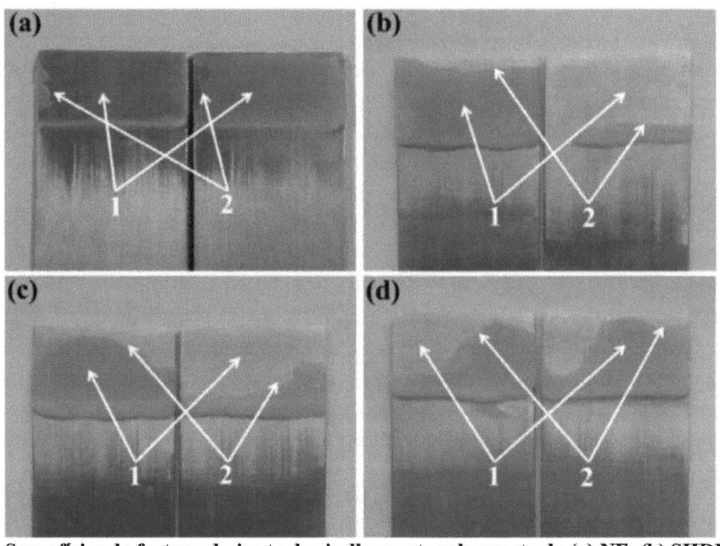

FIGURA 4.38 Superfícies de fratura da junta de cisalhamento sobreposta de (a) NE, (b) SHDME-5, (c) SHDME-7.5, e (d) SHDME-10 mostrando diferentes características do processo de fratura - (1) fratura coesiva e (2) fratura interfacial do sistema SDS

Um aumento significativo da eficácia da cicatrização no caso do adesivo SHDME-7.5 (SDS) e SHDME-10 (SDS) cicatrizado pode ser atribuído à zona de transição coesiva melhorada juntamente com a presença da zona de fratura interfacial, como se mostra nas Figs. 4.38 (c) e (d), respetivamente. Mas a zona coesiva encontrada no sistema SDS é maior em comparação com a do sistema PVA, principalmente devido ao maior conteúdo do núcleo e à espessura fina da parede do invólucro do HCM preparado com SDS.

As imagens FESEM das superfícies de fratura da junta adesiva SHDME do sistema SDS são mostradas na Fig. 4.39. A superfície de fratura da NE foi mostrada na Fig. 4.29. A superfície sem características prevê uma baixa absorção de energia antes da rotura. Por outro lado, a superfície de fratura da zona de transição coesiva de baixa ampliação para a junta adesiva SHDME-5 (SDS) e SHDME-10 (SDS) mostra a presença de HCM (representado como H) e ECM parcialmente aglomerado (representado como E), juntamente com caudas características, como se mostra na Fig. 4.39 (a1) e (b1). As caudas características na esteira das microcápsulas podem ter surgido devido ao mecanismo de fixação de fendas durante a rutura das microcápsulas. Em geral, a fixação de fissuras representa uma boa ligação entre o polímero e o material de enchimento de elevada rigidez [41,42].

O mecanismo de fratura operativo mais distinto para a junta adesiva SHDME cicatrizada é a fixação da fenda devido à quebra das microcápsulas no plano de fratura e à formação de uma zona de espelho ou de plástico que resulta na cedência por cisalhamento. Isto pode ter acontecido devido à libertação do agente de cura das microcápsulas de HCM e ECM, que se encontram na proximidade do percurso da fenda, aumentando assim a ligação entre as microcápsulas e a matriz polimérica após a cura. A formação de uma superfície em degrau (indicada por "S") é um indicativo da presença de mecanismos de fixação e de atenuação da fissura na vizinhança do trajeto da fissura adjacente às microcápsulas, como se mostra nas Figs. 4.39 (a2) e (b2). Este mecanismo é o principal responsável pela propagação da fenda através do equador das microcápsulas, formando degraus. Isto indica uma libertação eficiente do agente de cura na esteira, em vez de seguir o mecanismo clássico de fixação da fenda, em que o percurso da fenda segue as interfaces da inclusão [42]. Observa-se um aumento efetivo deste comportamento com o aumento do teor de microcápsulas na junta adesiva. Isto pode aumentar a quantidade de danos subsuperficiais com maior eficiência de cicatrização e energia de fratura. As Figs. 4.40 (a) e (b) mostram a presença de agente de cura no plano de fratura perto dos degraus da cauda da fenda para os adesivos compósitos SHDME-5 (SDS) e SHDME-10 (SDS) curados, respetivamente.

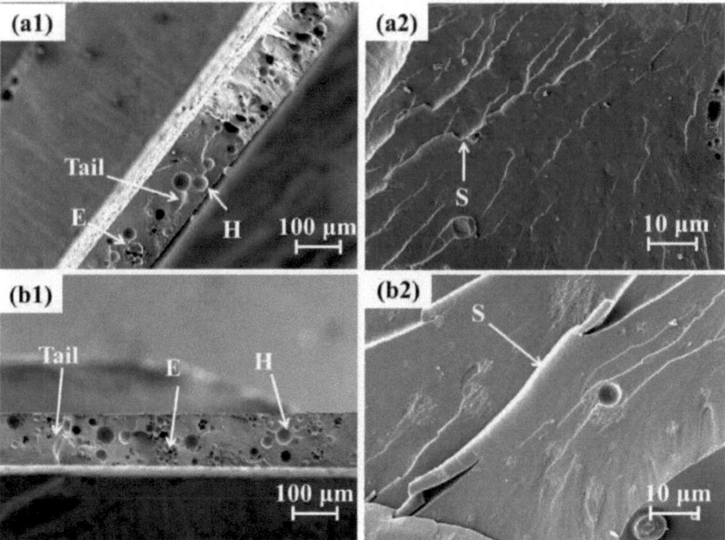

FIGURA 4.39 Imagens FESEM da superfície de fratura (a) da superfície de cicatrização mais baixa e (b) da superfície de cicatrização mais alta com uma ampliação relativamente (1) baixa e (2) alta do sistema SDS.

A diminuição da intensidade do grupo epóxido e do grupo amina livre, observada na espetroscopia de infravermelhos, também indica a libertação de agentes de cura a uma concentração elevada de incorporação de microcápsulas. A presença da zona de cicatrização representada como HZ na figura indica principalmente a transição do trajeto da fenda dentro da zona coesiva e resulta na absorção de mais energia antes da falha. Por conseguinte, um aumento da distribuição uniforme dessa zona de cicatrização pode ter um efeito significativo no aumento da eficiência global da cicatrização, o que aconteceu no caso da junta adesiva SHDME-10 (SDS) cicatrizada. O aumento do teor de microcápsulas resultou, portanto, numa maior probabilidade de contacto entre as microcápsulas de HCM e ECM e no potencial de cicatrização das juntas.

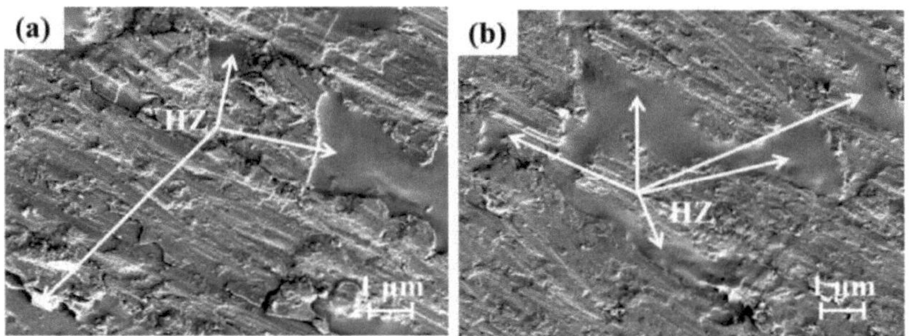

FIGURA 4.40 Imagem FESEM mostrando a zona de cicatrização das superfícies cicatrizadas (a) SHDME-5 (SDS) e (b) SHDME-10 (SDS)

4.10 Resumo dos resultados das propriedades da junta adesiva sobreposta

A Tabela 4.1 mostra as diferentes propriedades de cisalhamento, tais como a resistência ao cisalhamento, a energia de rutura absorvida e a eficiência de cicatrização para ambas as amostras de juntas de colo adesivas SHDME do sistema PVA e do sistema SDS. A eficiência máxima de cicatrização (cerca de 92%) foi observada no caso do sistema SDS, o que se deve principalmente ao maior teor de núcleo das microcápsulas de HCM preparadas com SDS. Além disso, uma vez que o tamanho médio das microcápsulas de HCM preparadas com SDS é superior ao das HCM preparadas com PVA, a diminuição da resistência ao cisalhamento no caso do sistema SDS é superior à do sistema PVA.

TABELA 4.1 Lista de dados relativos às propriedades mecânicas e de cicatrização da junta de corte sobreposta do adesivo SHDME

Sl. Não	Código de amostra	Resistência ao corte longitudinal		Energia de falha de absorção		Eficácia da cura	
		Resistência final da junta (MPa)	SD	AFE (MPa)	SD	HE (%)	SD

1	NE	14.99	0.43927	7.25	0.354	NIL	NIL
2	SHDME-5 (PVA)	14.50	0.3532	8.654	0.1834	54	3.25
3	SHDME-7.5 (PVA)	13.69	0.1525	8.52	0.2512	84.06	2.12
4	SHDME-10 (PVA)	11.25	0.2455	7.5	0.2234	89.44	2.2
5	SHDME-5 (FDS)	14.39	0.4211	7.76691	0.1452	61.15	3.54
6	SHDME-7.5 (SDS)	12.60	0.6212	7.62	0.0987	86.94	2.52
7	SHDME-10 (FDS)	11.47	0.721	7.412	0.1244	90.93	2.25

Conclusões e âmbito da investigação futura

Conclusão

- Este estudo demonstra a possibilidade de utilização de microcápsulas duplas de auto-regeneração à base de PMMA como agente de regeneração em juntas de cisalhamento de uma volta de adesivo epóxi no comportamento de cisalhamento da volta e na capacidade de auto-regeneração. As microcápsulas auto-regeneradoras de endurecedor e resina foram sintetizadas com sucesso através da técnica de evaporação de solventes, variando a velocidade de agitação e a concentração de emulsionante. Os estudos mostraram uma diminuição do tamanho das microcápsulas com a sua distribuição estreita e um maior conteúdo do núcleo a uma velocidade de agitação e concentração de emulsionante mais elevadas, tanto para o HCM como para o ECM. O tamanho médio mais baixo das microcápsulas foi encontrado como 41,254 inn e 37,2835 inn respetivamente para HCM e ECM. Além disso, o conteúdo máximo do núcleo foi encontrado como 24,21% e 53,95% para HCM e ECM. No entanto, no caso da ECM, foi observada a presença de algumas microcápsulas agregadas, atribuídas a grumos de materiais da casca que não reagiram nas superfícies da ECM. No entanto, o grau de rugosidade da superfície tanto para a HCM como para a ECM é semelhante.
- O espetro de absorção FT-IR da HCM e da ECM confirma o encapsulamento bem sucedido do endurecedor e do epóxi. Todas as bandas vibracionais respectivas para o ECM apresentaram maior intensidade, principalmente devido ao seu maior teor de núcleo. O espetro de absorção FT-IR do NE confirma a presença de resina não curada e de um grupo amina no sistema. As intensidades destas bandas diminuem com o aumento da concentração de microcápsulas para os adesivos SHDME curados, principalmente devido à sua utilização como agente de cura no adesivo na presença de fissuras.
- Verifica-se que o comportamento de degradação térmica tanto para o HCM como para o ECM segue três fases de degradação correspondentes à degradação do endurecedor/epóxi, do PMMA e da combinação endurecedor/epóxi e PMMA. Isto acaba por prever o encapsulamento do endurecedor e do epóxi no HCM e no ECM, respetivamente.
- A resistência ao cisalhamento da junta adesiva de epóxi NE foi de ~15 MPa. A incorporação de microcápsulas duplas resultou numa depreciação da resistência ao cisalhamento por volta para todas as juntas adesivas SHDME. Mas a extensão, bem como a energia de rotura absorvida dessas juntas sob carga uniaxial, aumenta. A natureza viscoelástica das microcápsulas pode ter aumentado o alongamento até à rutura e a energia de rutura absorvida. No entanto, o efeito de aumento da tensão das cápsulas micronizadas degrada a resistência à rutura a uma concentração elevada de microcápsulas no adesivo. No entanto, observou-se um aumento drástico na eficiência de cicatrização com um valor máximo de 90,93% a uma concentração elevada, isto é, 10% em peso de incorporação de microcápsulas duplas no adesivo.
- As juntas adesivas SHDME cicatrizadas com elevada concentração de

incorporação de microcápsulas mostraram evidências de uma zona de transição coesiva melhorada juntamente com a presença de uma zona de fratura interfacial no plano de fratura. A zona de transição coesiva limitada foi descaracterizada para NE, mas para os adesivos SHDME foi observada a fixação de fendas adjacentes a HCM e ECM devido à quebra de microcápsulas no plano de fratura e à formação de uma zona plástica com cedência por cisalhamento. No entanto, as microcápsulas de HMC e EMC parcialmente quebradas no plano de fratura da junta adesiva SHDME restringem o aumento da eficiência de cicatrização a uma baixa concentração de incorporação de microcápsulas. O aumento efetivo da cauda caraterística tipo degrau na esteira da microcápsula, juntamente com uma zona de cicatrização uniformemente distribuída antes da formação da fenda, aumenta significativamente a eficiência de cicatrização da junta adesiva SHDME a uma concentração elevada de microcápsula.

Âmbito da investigação futura

Os âmbitos de investigação futura são os seguintes

- Efeito da incorporação de nanopartículas com o material da parede da casca para melhorar as propriedades de cisalhamento.
- Avaliação das propriedades térmicas da junta de cisalhamento com adesivo SHDME.
- Comparação da eficiência de cura em diferentes temperaturas de cura.
- Análise computacional para determinar as propriedades interfaciais entre as microcápsulas e a matriz polimérica.
- A simulação computacional do adesivo compósito auto-regenerativo pode ser efectuada para avaliar o seu perfil de tensão e deformação.
- Descobrir as propriedades micromecânicas das microcápsulas.

Referências

Brarnes, T. A. e Pashby, I. R. Técnicas de ligação para estruturas espaciais de alumínio utilizadas em automóveis - Parte II: ligação adesiva e fixadores mecânicos. J. Mater. Process. Technol. 99, 72-79 (2000).

Makoto I., Yoshihiro, T., Yoshinobu, N., Atushi, N., e Takeo. Resistência à fratura de colas epoxídicas esféricas preenchidas com sílica. I., Int. J. Adhes. Adhes. 21, 389- 396 (2001).

Semerdjiev, S., Metal-to-metal adhesive bonding, (Business Books, Ltd., Londres, 1970), pp. 3-6.

Meguid, S. A. and Sun, Y. On the tensile and shear strength of nano-reinforced composite interfaces. Mater. Design 25, 289-296 (2004).

Jaske, C. A., Hart, B. O., e Bruce, W. A., Pipeline Repair Manual (Technical Toolboxes, Inc., Houston, Texas, 2006).

Especificação Técnica ISO 24817, Indústrias do Petróleo, Petroquímica e Gás Natural . Reparações compósitas para tubagens. Qualificação e projeto,

Instalação, ensaio e inspeção, (Organização Internacional de Normalização (ISO), Genebra, Suíça, 2006).

Costa-Mattos, H. S., Reis, J. M. L., Sampaio, R. F., e Perrut, V. A. Uma metodologia alternativa para reparar danos localizados por corrosão em tubulações metálicas com resinas epóxi. Mater. Design 30, 3581-3591 (2009).

P.K. Ghosh, Sudipta Halder, M. S. Goyat e G. Karthik. Estudo sobre as características térmicas e de cisalhamento de colo do adesivo epóxi carregado com partículas metálicas e não metálicas. The Journal of Adhesion, 89:55-75, 2013.

T.A. Barnes, I.R. Pashby. Técnicas de união para estruturas espaciais de alumínio utilizadas em automóveis - Parte II D: colagem com adesivos e fixadores mecânicos. Journal of Materials Processing Technology 99 (2000) 72-79.

P.K. Ghosh, Sudipta Halder, M. S. Goyat e G. Karthik. The Journal of Adhesion, 89:55-75, 2013.

Min You, Yong Zheng, Xiao-Ling Zheng, Wen-Jun Liu. Efeito do metal como parte do filete na resistência ao cisalhamento por tração de juntas simples coladas adesivamente. International Journal of Adhesion & Adhesives 23 (2003) 365-369.

R. Kilik, R. Davies. Propriedades mecânicas de adesivos preenchidos com pós metálicos. International Journal of Adhesion & Adhesives Vol.9 No.4 outubro - 1989.

H. Khoramishad, S.M.J. Razavi. Juntas de ligação adesiva reforçadas com fibras metálicas. Revista Internacional de Adesão e Adesivos55 (2014)114-122.

Mittal, K. L. e Pizzi, A., Adhesion Promotion Techniques, (Marcel Dekker Inc., Nova Iorque, 2002).

Makoto Imanakaa, Satoshi Motohashia, Kazuaki Nishia. Comportamento de crescimento de fissuras de adesivos epóxi modificados com borracha líquida e partículas de borracha reticulada sob carga de modo I. Jornal Internacional de Adesão e Adesivos 29 (2009) 45-55.
Kinz-Douglas, S., Beaumont, P. W. R., e Ashby, M. F., J. Mater. Sci. 15, 1109-1123 (1980).
Strzelec, K. e Pospiech, P., Prog. Org. Coat. 63, 133-138 (2008).
Singh, R. P., Zhang, M., e Chan, D., J. Mater. Sci. 37, 781-788 (2002).
Ameli A, Papini M, Spelt JK. Evolução do percurso da fenda e da superfície de fratura com degradação em juntas adesivas de epóxi endurecidas com borracha: aplicação a espécimes de face aberta. Int. J Adhes 2011;31:530-40.
Takihiro Okamatsu, Mitsukazu Ochi. Efeito nas propriedades de resistência e aderência da resina epóxi modificada com microesfera de uretano com ligações cruzadas de silicone. Polymer 43 (2002) 721-730.
S. R. White, N. R. Sottos, P. H. Geubelle, J. S. Moore. Cicatrização autónoma de compósitos poliméricos. Cartas à natureza 409 (2001) 794-797.
E. N. Brown, M. R. Kessler, N.R. Sottos e S.R. White. Microencapsulação in-situ de poli(ureia-formaldeído) de Dicyclopentadiene.novembro - dezembro de 2003, vol. 20, n.º 6, 719-730.
Dong Yang Wu, Sam Meure, David Solomon. Materiais poliméricos auto-regeneráveis: Uma análise dos desenvolvimentos recentes. Prog. Polym. Sci. 33 (2003) 479522.
Ding Shu Xiao, Min Zhi Rong, Ming Qiu Zhang. Um novo método para preparar microcápsulas contendo epóxi através de copolimerização interfacial induzida por irradiação UV em emulsões. Polymer 48 (2007) 4765-4776.
Sérgio Freitas, Hans P. Merkle, Bruno Gander. Microencapsulação por extração/evaporação de solventes: revisão do estado da arte da tecnologia do processo de preparação de microesferas. Jornal de Libertação Controlada 102 (2005) 313332
Rama Dubey, T.C. Shami e K.U. Bhasker Rao. Microencapsulation Technology and Applications (Tecnologia e Aplicações de Microencapsulação). Defence Science Journal, Vol. 59, No. 1, janeiro de 2009, pp. 82-95
A. A. Rzeskutko, E. N. Brown, N. R. Sottos, (2006). Propriedades de tração do epóxi auto-regenerativo.
Li Yuan, Guozheng Liang, Jian Qiang Xie, Lan Li, Jing Guo. Preparação e caraterização de microcápsulas de poli(ureia-formaldeído) preenchidas com resinas epoxídicas. Polymer 47 (2006) 5338-5349.
Yin T, Rong MZ, Zhang MQ, Yang GC. Compósitos epóxi auto-regeneráveis - preparação e efeito do agente de cura constituído por epóxi microencapsulado e agente de cura latente. Compos Sci Technol 2007;67:201-12.

B.J. Blaiszik, N.R. Sottos, S.R. White. Nanocápsulas para materiais auto-cicatrizantes. Composites Science and Technology 68 (2008) 978-986.
Joseph D. Rule, Nancy R. Sottos, Scott R. White. Effect of microcapsule size on the performance of self-healing polymers (Efeito do tamanho da microcápsula no desempenho de polímeros auto-regenerativos). Polymer 48 (2007) 3520-3529.
Blaiszik BJ, Caruso MM, Mcllroy DA, Moore JS, White SR, Sottos NR. Microcápsulas preenchidas com soluções reactivas para materiais auto-cicatrizantes. Polymer 2009; 50:990-7.
Li Yuan, Aijuan Gu, Guozheng Liang. Preparação e propriedades de microcápsulas de poli(ureia-formaldeído) preenchidas com resinas epoxídicas. Química e Física dos Materiais 110 (2008) 417-425.
Yan Chao Yuan, Min Zhi Rong, Ming Qiu Zhang, Gui Cheng Yang. Estudo dos factores relacionados com a melhoria do desempenho do epóxi auto-regenerador com base no cicatrizante de encapsulamento duplo. Polymer 50 (2009) 5771-5781.
Chuanjie Fan, Xiaodong Zhou. Influência das condições de funcionamento na morfologia da superfície de microcápsulas preparadas por polimerização in situ. Colloids and Surfaces A: Physicochem. Eng. Aspectos 363 (2010) 49-55.
Girish Galgali, Erik Schlangen, Sybrand van der Zwaag. Síntese e caraterização de microcápsulas de sílica usando um modelo de sistema de solvente sustentável. Boletim de Investigação de Materiais 46 (2011) 2445-2449.
Henghua Jin, Chris L. Mangun, Dylan S. Termoendurecedor de auto-regeneração usando química de cura de epóxi-amina encapsulada. Polímero 53 (2012) 581-587.
Qi Li, Mishra AK, Kim NH, Kuila T, Lau KT, Lee JH. Efeitos das condições de processamento do agente de cura líquido encapsulado em poli(metilmetacrilato) nas propriedades dos compósitos auto-regenerativos. Compósitos: Parte B 2013;49:6-15.
Qi Li, Siddaramaiah, Nam Hoon Kim, David Hui, Joong Hee Lee, Efeitos de microcápsulas de componente duplo de resina e agente de cura na eficiência de auto-cura de epóxi, Compósitos: Parte B 55 (2013) 79-85.
Henghua Jin, Gina M. Miller, Stephen. Comportamento de fratura de um adesivo epóxi endurecido e auto-regenerativo. Revista Internacional de Adesão e Adesivos 44 (2013) 157-165.
Brown EN, Sottos NR, White SR. Ensaio de fratura de um compósito polimérico auto-regenerativo. Exp Mech 2002;42:372-9.
Brown EN, Sottos NR, White SR. Endurecimento induzido por microcápsulas num compósito de polímero auto-regenerativo. J Mater Sci 2004;39:1703-10.
Dong Yu Zhu, Min Zhi Rong, Ming Qiu Zhang. Preparação e caraterização de microrreactor tipo microcápsula multicamada para polímeros de auto-cura. Polímero 54 (2013) 4227-4236.

F.Delor-Jestin, D. Drouin. Envelhecimento térmico e fotoquímico da resina epóxi - influência dos agentes de cura. Polymer degradation and stability 91 (2006) 12471255.

Printed by Books on Demand GmbH, Norderstedt / Germany